竹林生态系统昆虫图鉴

INSECTS IN BAMBOO GROVES

第一卷

VOLUME 1

梁照文 孙长海 王美玲 主编
韩辉林 主审

中国农业出版社
农村读物出版社
北 京

编委会

主　编： 梁照文　孙长海　王美玲

副主编： 吴志毅　禹海鑫　常晓丽　王宏宝　高瀚文
童明龙　朱　彬　史晓芳　葛雨航　毛　佳

编　者：

梁照文　宜兴海关
童明龙　宜兴海关
葛雨航　宜兴海关
张　栋　宜兴海关
孙晶晶　宜兴海关
曾招勇　宜兴海关
周铁军　宜兴海关
李艳华　无锡海关
史晓芳　无锡海关
孙旻旻　无锡海关
孙民琴　南通海关
禹海鑫　南通海关
王建斌　苏州海关
高　渊　苏州海关
郑斯竹　苏州海关
钱　路　常州海关
朱　彬　靖江海关
丁志平　张家港海关
李晓宇　吴江海关
金光耀　常熟海关
朱晗峰　常熟海关
郑　炜　宁波海关
齐振华　青岛邮局海关
朱宏斌　南京海关动植物与食品检测中心
杨晓军　南京海关动植物与食品检测中心
吴志毅　杭州海关技术中心
王振华　武汉海关技术中心
孙长海　南京农业大学
闫喜中　山西农业大学
何馥晶　扬州大学

申建梅　仲恺农业工程学院
胡黎明　仲恺农业工程学院
高瀚文　西安交通大学苏州附属中学
翁　琴　宜兴市自然资源和规划局
王美玲　孝义市农业农村局
吕金柱　文水县林业局
许高娟　苏州市吴江区林业站
常晓丽　上海市农业科学院
王宏宝　江苏徐淮地区淮阴农业科学研究所
毛　佳　江苏徐淮地区淮阴农业科学研究所

主　审：

韩辉林　东北林业大学

序

初识梁照文是在一次大赛现场。当得知他以超强的毅力和热情，每天凌晨四五点往返100公里进行收虫，收集到3万余个昆虫标本，鉴定昆虫900余种，发现10余个中国新纪录种、10余个大陆新纪录种、400余个江苏新纪录种时，我倍感震撼。后来，我到他的实验室参观，再次深受感动，欣然接受了为本书作序的请求。

中国是世界上竹类资源最为丰富、竹子栽培历史最为悠久的国家之一，竹林面积、竹材蓄积、竹制品产量和出口量均居世界第一，竹加工技术和竹产品创新能力处于世界先进水平。第八次全国森林资源清查结果显示，我国竹林面积共601万公顷，比第七次清查增长了11.69%。2013年，全国竹材产量18.77亿根，竹业总产值1 670.75亿元。依据《竹产业发展十年规划》，到2020年，竹产区农民从事竹业的收入将占到纯收入的20%以上。因此，竹产业被称为生态富民产业和绿色循环产业，发展潜力巨大，市场前景广阔。本系列丛书的出版，可为竹林有害生物防治提供重要参考，为出口把关提供技术支撑。

本系列丛书是我国第一部竹林生态系统的昆虫图鉴，共分3卷出版。第一卷内容包含鳞翅目夜蛾总科，第二卷内容包含鳞翅目尺蛾总科、螟蛾总科及其他，第三卷内容包含鞘翅目、半翅目及其他。

本系列丛书具有如下特点：一是鳞翅目昆虫同时配原态图与展翅图，展现昆虫的原始状态，以弥补展翅图鳞粉掉落的不足；二是尽可能地配雌雄图，为辨别雌雄提供参考；三是备注昆虫的采集时间，可为昆虫采集或有害生物防治提供参考；四是鳞翅目昆虫配有自测的体长与翅展数据。

竹林昆虫种类调查成果在本系列丛书出版之前，已在国外期刊发表3个新种：宜兴嵌夜蛾、黑剑纹恩象和斯氏刺䗛；国内期刊发表82个江苏新纪录种。

本系列丛书主要介绍了江苏竹林的昆虫种类，以及昆虫的寄主、分布、发生时间，发现的中国新纪录种、大陆新纪录种、江苏新纪录种，填补了历史的空白，对提高本地物种的防治、外来物种的预防和检疫效率、进行更深入的科研教育以及开发和利用昆虫资源有着重要的意义。

陈建东

2020年3月

前言

本书是毛竹林昆虫多样性调查部分成果的小结，涉及夜蛾总科中的夜蛾科、灯蛾科、瘤蛾科、毒蛾科、舟蛾科5个科31个亚科200个属309种。其中，大陆新纪录种1个，江苏新纪录种119个。采用中国动物志夜蛾总科各类群的分类体系，科、亚科及种按拉丁学名的字母顺序编排，记述了夜蛾科18个亚科140个属210种，1个大陆新纪录种、88个江苏新纪录种；灯蛾科3个亚科19个属31种，8个江苏新纪录种；毒蛾科2个亚科17个属35种，14个江苏新纪录种；舟蛾科7个亚科24个属30种，7个江苏新纪录种；瘤蛾科1个亚科1个属3种，2个江苏新纪录种。另有30余个该类群的种类，只鉴定到属级水平，其中包括数种疑似中国新纪录种，有待进一步研究，故暂未收入本书。

本书基于对2016年5月至2018年10月于江苏省宜兴市湖汶镇东兴村（31.217° N, 119.801° E)、张渚镇省庄村小前岕（31.214° N, 119.708° E)、宜兴竹海风景区（31.167° N，119.698° E）毛竹林中采用黑光灯和高压汞灯白布诱集所得标本鉴定、整理及所拍摄的照片，共有1 120幅彩图，其中未展翅的546幅、展翅的574幅，每幅图基本上都标注了雌雄，仅有个别图无法确定雌雄而未标注。本书对鉴别特征运用科普性语言进行了记述；根据相关文献资料补充了寄主，丰富了地理分布；列出了中文曾用名；附录介绍了灯诱时间。

感谢家人的理解与支持；感谢宜兴竹海景区等3个诱捕点提供的便利与支持；感谢大学生陆艳言、王宇、吴梦迪、植昭铭、龚玉娟、何馥晶和张佳峰在实习期间进行标本制作、拍照以及文字材料的整理；感谢车琲珏女士在日文翻译方面提供的帮助；感谢武春生研究员和虞国跃研究员对部分种类鉴定的指导；非常感谢韩辉林副研究员百忙之中对本书每一个种的复核审定；特别感谢单位历任领导（张怀东、刘秀芳、罗建国、王水明、汤小平、杭竹、汤芸等）对该项工作的大力支持。本书的出版得到宜兴市科技局项目（2018SF11）的经费支持，在此也表示感谢。

由于编者水平有限，编写时间仓促，书中难免有疏漏之处，诚望广大读者批评指正。

编　者

2020年3月

目录

夜蛾总科 Noctuoidea

灯蛾科 Arctiidae

灯蛾亚科 Arctiinae

1.大丽灯蛾 *Aglaomorpha histrio histrio* (Walker, 1855)

鉴别特征：体长29～36mm，翅展80～103mm。触角黑色线状。头、胸、腹部橙色；颈板橙色、中间有一大黑斑；翅基片黑色。胸部具闪光黑色纵斑；腹部背面具一列黑色横带；侧面及腹面各具一列黑斑。前翅黑色有闪光，前缘区有4个黄白斑点，中部有一橙色斑点，翅面有多数大小不等的黄白斑，翅顶有4个黄白小斑。后翅橙色，有数列黑斑，翅顶黑色。

寄主：油茶、杉木。

分布：江苏、吉林、安徽、浙江、福建、江西、湖北、湖南、广西、四川、贵州、云南、台湾；朝鲜、俄罗斯、日本。

雌

雌

雌

雌

2.红缘灯蛾 *Aloa lactinea* (Cramer, 1777)

鉴别特征：体长21～22mm，翅展48～50mm。触角黑色线状。体白色，头顶红色或中间白色；胸背近端部具一红色横带，腹部除基部和端部外黄黑相间。前翅前缘红色，中室上角具黑点。后翅中部具一黑斑，外缘具1～4个黑斑或缺。

寄主：玉米、棉花、大豆等。

分布：全国各地；朝鲜、日本、印度、缅甸等。

注：又名红袖灯蛾、红边灯蛾。

雄

雄

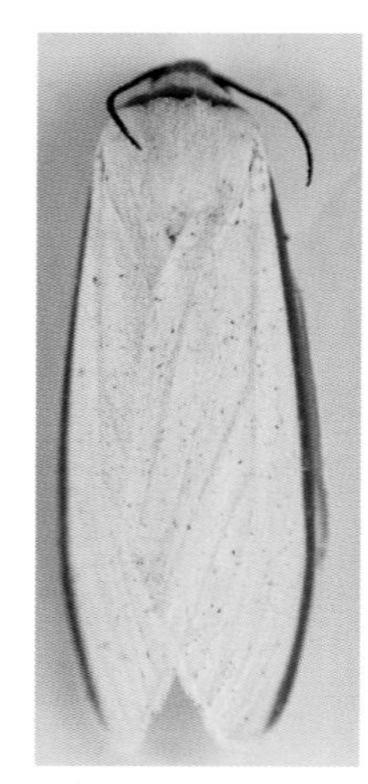

雌

雌

雌

雌

3.八点灰灯蛾 *Creatonotus transiens vacillans* (Walker, 1855)

鉴别特征：体长雄16～18mm，雌17～22mm；翅展雄37～40mm，雌41～50mm。触角线状，触角干黑色、被白毛。头、胸部白色，稍染褐色；腹部背面橙色、腹面及腹末白色，腹部背面、侧面和亚侧面有黑点列。前翅白色，除前缘区外脉间染褐色，翅中部具4个黑点。后翅白色或暗褐色，有时有数个黑色亚端点。雄虫前后翅翅面颜色比雌虫较深。

寄主：桑、茶、稻、柑橘、柏木、法国梧桐等。

分布：江苏、陕西、山西、河南、山东、安徽、西藏、四川、云南、贵州、湖北、湖南、广西、广东、香港、海南、江西、福建、浙江、台湾；印度、缅甸、越南、印度尼西亚、菲律宾。

雄

雄

雌

雌

4.粉蝶灯蛾 *Nyctemera adversata* (Schaller, 1788)

鉴别特征：体长17～20mm，翅展44～50mm。雄虫触角黑色双栉齿状，雌虫触角黑色线状。头部黑色，镶黄色边，胸部中央黑色，两侧白色，腹部背面中央具断续的黑斑，两侧白色，腹末黄褐色。前翅白色，嵌深色斑，颜色在个体间有差异，黄褐色至黑色；翅面中部偏基侧具横向深色斑，并与沿主要翅脉的纵向深色斑相连接；外侧具不规则形深色斑；顶角至臀角具深色斑组成的宽带，后端断裂，外侧近翅缘处嵌3个三角形白斑。后翅白色，中部有一个黑褐斑，端缘具4～5个黑褐斑。

寄主：柑橘、狗舌草、无花果以及菊科植物。

分布：江苏、浙江、福建、江西、湖北、湖南、广东、广西、海南、四川、云南、西藏、北京、内蒙古、河南、台湾；日本、印度、尼泊尔、马来西亚、印度尼西亚。

雄

雄

5.红点浑黄灯蛾 *Rhyparioides subvaria* (Walker, 1855)

鉴别特征：体长雄9～17mm，雌20～23mm；翅展雄27～38mm，雌52～53mm。雄虫触角黄褐色锯齿状，雌虫触角淡黄色线状。头、胸部黄褐色；腹背橙色，腹面红色，背面及侧面具有黑点列。前翅黄褐色，近基部1/3具一黑点，其后具暗褐色斑；近端部1/3端具红纹，外镶黑斑。后翅红色，中部具一黑点，靠近外缘部有2～4个黑点。雌虫前翅上的点褐色，后翅中部点或多或少。

寄主：不详。

分布：江苏（宜兴）[①]、浙江、福建、江西、湖南、湖北、安徽、四川、广东以及华北地区；朝鲜、日本。

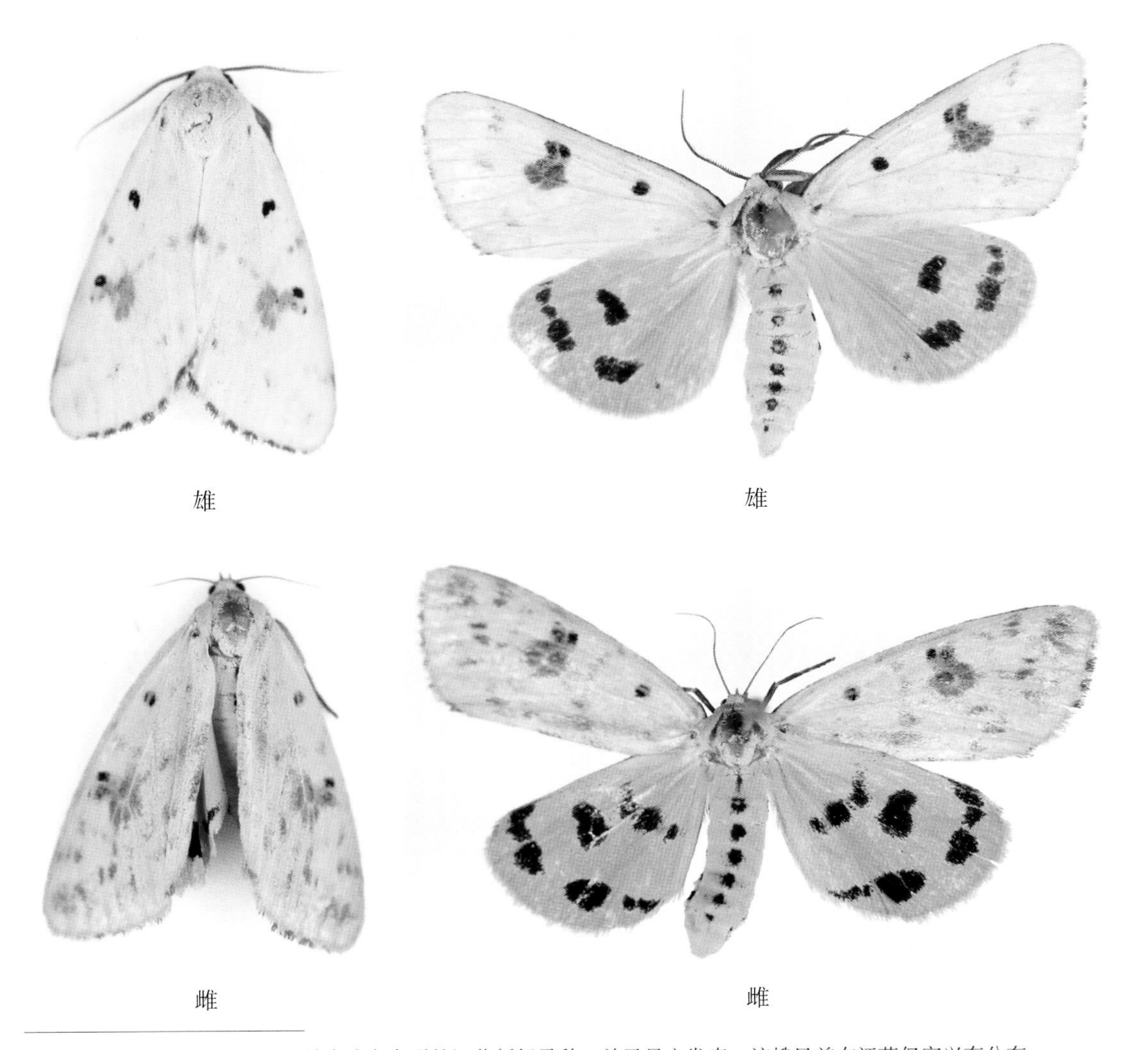

雄　雄

雌　雌

① 江苏（宜兴）表示该蛾为编者发现的江苏新纪录种，并已另文发表。该蛾目前在江苏仅宜兴有分布。

6.连星污灯蛾 *Spilarctia seriatopunctata* (Motschulsky, [1861])（江苏新纪录种）

鉴别特征：体长21～22mm，翅展44～48mm。触角黑色双栉齿状。额与触角黑色；前足腿节上方红色，胫节与跗节有黑带；腹部背面除基部与端部外均为红色，背面、侧面及亚侧面有一列黑点。前翅浅黄色，脉间染褐色；翅中央近前缘具一黑色肾形纹，顶角至接近后缘中部具一列黑短纹，在后缘处向外折。后翅浅黄色，后缘区常染红色；翅中部近前缘具一黑点；近后角具两黑点。

寄主：苹果、桑以及蔬菜。

分布：江苏（宜兴）、黑龙江、吉林、陕西、江西、福建、四川；日本、朝鲜。

雄

雄

7.红腹白灯蛾 *Spilarctia subcarnea* (Walker, 1855)

鉴别特征：体长雄16～19mm，雌18～20mm；翅展雄37～46mm，雌41～51mm。触角黑色线状。雄虫头、胸部黄白色；腹部背面除基、端节外均为红色，背、侧面各有一列黑点，腹面黄白色。前翅黄白杂肉色，外缘至后缘有一斜列黑点，两翅合拢时呈“人”字形；有的前翅没有黑点。后翅白微带红色，有时在翅中部有一黑点。雌虫翅黄白色，无红色，前翅黑点较少，两翅合拢时不呈“人”字形，后翅有时在翅中部有一黑点。

寄主：桑、木槿以及十字花科蔬菜、豆类和绿肥作物等。

分布：江苏、内蒙古、河北、山西、陕西、河南、浙江、福建、江西、湖北、湖南、广东、广西、四川、贵州、云南以及东北地区；日本、朝鲜、菲律宾。

注：又名人纹污灯蛾。

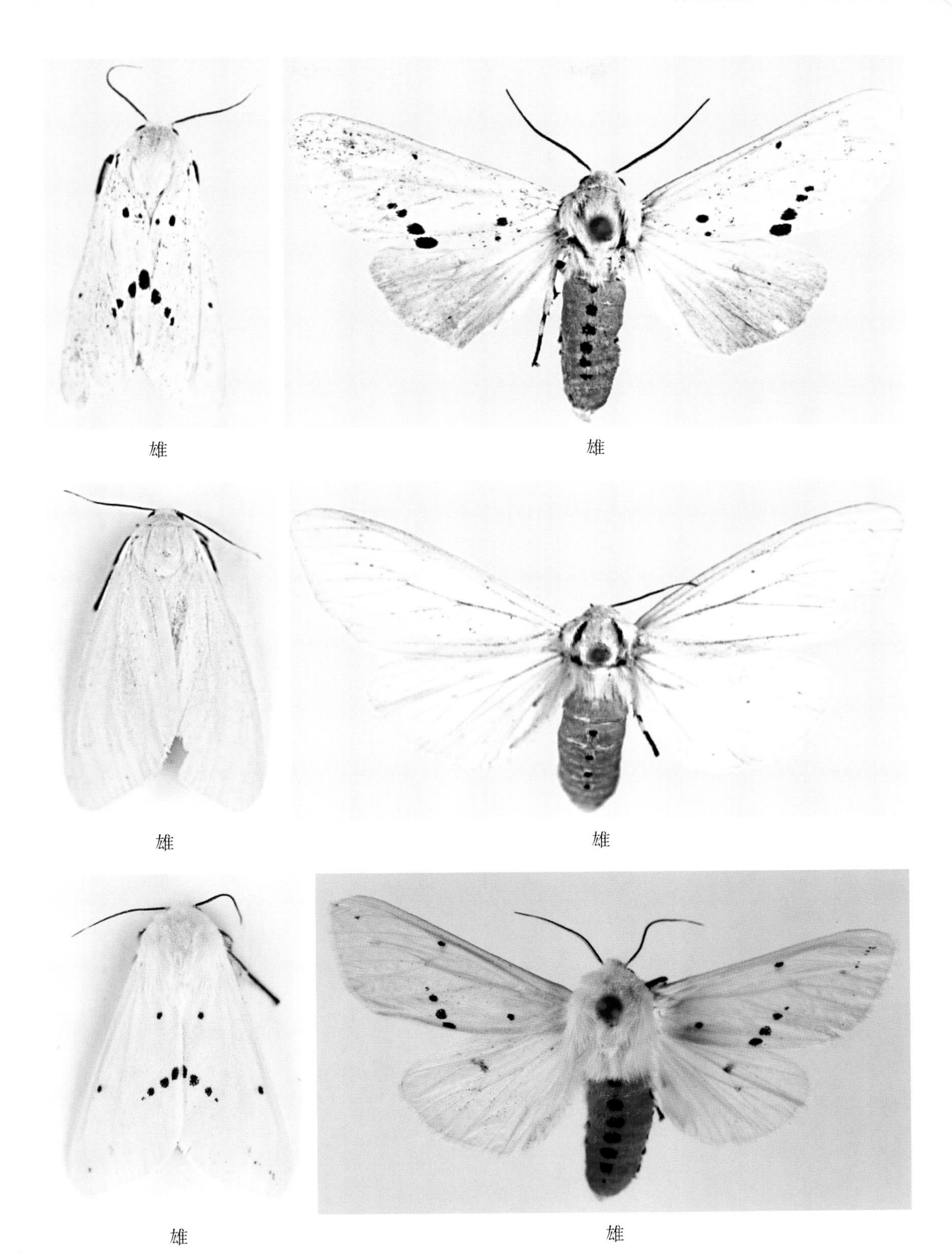
雄　雄
雄　雄
雄　雄

雌

雌

8.黄星雪灯蛾 *Spilosoma lubricipedum* (Linnaeus, 1758)

鉴别特征：体长10～17mm，翅展32～39mm。雄虫触角黑色双栉齿状。头、胸部白色；腹部背面除基节和端节外均为黄色，背面、侧面和亚侧面各有一列黑点；足具黑纹，腿节上方黄色；翅白色。前翅散布黑点或多或少；前缘近基部具几个黑点；外侧黑点呈并列的细短纹。后翅通常中部具一黑点，外侧具几个黑点。

寄主：甜菜、桑、薄荷、蒲公英、蓼等。

分布：江苏、黑龙江、吉林、河北、山西、陕西、湖北、湖南、广西、四川、贵州、云南；日本、朝鲜以及欧洲。

注：又名星白雪灯蛾、星白灯蛾。

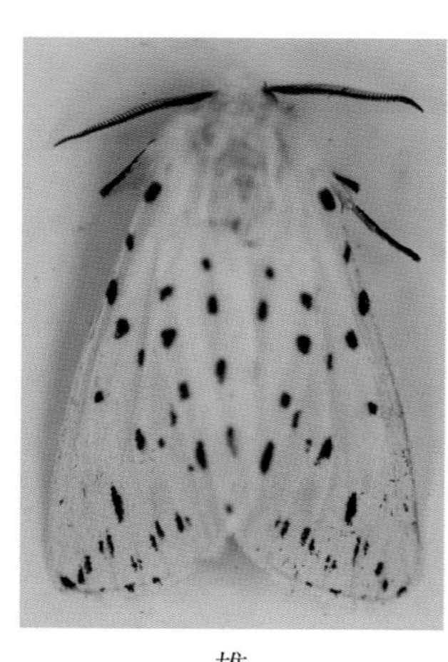
雄

雄

雄

苔蛾亚科 Lithosiinae

9.连纹艳苔蛾 *Asura conjunctana* (Walker, 1866)

鉴别特征：体长7～10mm，翅展19～23mm。触角黄色线状。体黄色。前翅前缘黑色；中部内侧具弯曲的两黑纹，在中前部相接；中部外侧具一向外弯曲的黑色曲纹，该曲纹与前缘和后缘中部相接；曲纹外具4条呈向外发射状的黑纹；外缘黑色。后翅顶角处常具暗褐斑。

寄主：不详。

分布：江苏、广西、云南、西藏；印度、尼泊尔。

雄

雄

雌

雌

10. 异葩苔蛾 *Barsine aberrans* (Butler, 1877)

鉴别特征：体长9～12mm，翅展19～26mm。触角黄色线状。头、胸部黄色，腹部暗褐色。前翅橙红色；基部具黑点；翅中部内侧具两黑线，近基部的黑线中央向外折，近中部的黑线呈长“S”形；中部外侧具一不规则长锯齿形黑线，起点在前缘中部，终点在后缘中部外侧；近端部具一列短黑纹。后翅黄色，染红色。

寄主：地衣类。

分布：江苏、黑龙江、吉林、陕西、河南、浙江、福建、江西、湖北、湖南、广东、海南、四川、台湾；日本、朝鲜。

注：又名异美苔蛾。

雌

雌

雌

雌

11.线葩苔蛾 *Barsine linga* Moore, 1859（江苏新纪录种）

鉴别特征：体长13mm，翅展42mm。雄虫触角淡黄色双栉齿状，雌虫触角淡黄色线状。雄虫体淡黄色、雌虫体深黄色；肩角、翅基片、中胸部具黑点；腹部灰白色，末端褐黄色。前翅黄色至红色，沿翅脉淡黄褐色；翅面近基部处具略弯曲的横带，中部具较直的横带，近端部具向外弯曲的横带，这3条横带均呈淡黄褐色，内嵌黑点列，并且最外侧的黑点列部分向翅外缘延伸。后翅黄色至红色。

寄主：不详。

分布：江苏（宜兴）、浙江；印度。

雄

雄

雌

雌

12.红黑脉葩苔蛾 *Barsine rubrata* (Reich, 1937)（江苏新纪录种）

鉴别特征：体长11～14mm，翅展26～38mm。触角黑色线状。头、胸部红色；头顶、翅基片及肩角具黑点斑；足黑色，中、后足基节染红色；腹部黑色，背面基部具红毛，末端红色。前翅红色，前缘黑边，黑色基点位于前缘，翅中央纵条及各脉均为黑色，缘毛黑色，反面端区翅脉黑色。后翅雄虫黑色，雌虫红色。

寄主：不详。

分布：江苏（宜兴）、湖北、四川。

注：又名红黑脉美苔蛾。

雄

雄

雌

雌

13.东方葩苔蛾 *Barsine sauteri* (Strand, 1917)

鉴别特征：体长14mm，翅展35mm。触角黄色线状。体橙红色；胸部具黑斑。前翅黄色或橙色，脉间红色；前缘基部具黑点；具3列黑灰色点线形成的带，内侧2列黑灰色为点状，外侧1列黑灰色在中部呈线状；缘毛黄色。后翅色淡。

寄主：不详。

分布：江苏、陕西、浙江、福建、湖北、江西、广东、广西、海南、四川、云南、西藏、台湾；尼泊尔。

注：又名东方美苔蛾。

雄

雄

14.优美葩苔蛾 *Barsine striata* (Bremer et Grey, 1852)

鉴别特征：体长12～13mm，翅展30～37mm。触角黄色线状，雌虫在中部1/3段杂黑色。头、胸部黄色，腹部红色。前翅底色雄虫为红色，雌虫为黄色或淡红色；基部具黑点；具3列黑灰色点线形成的带，内侧2列黑灰色为点状，外侧1列黑灰色在中部呈线状、且向外分叉至顶角；缘毛黄色。后翅底色雄虫为淡红色，雌虫为黄灰红色；缘毛黄色。

寄主：地衣、大豆。

分布：江苏、吉林、河北、山东、甘肃、陕西、江西、湖北、湖南、福建、广东、广西、海南、云南、四川；日本。

注：又名优美苔蛾。

雄

雄

雌

雌

左雌右雄

左雄右雌

左雌右雄

左雄右雌

左雄右雌

15.黄边拟土苔蛾 *Brunia fumidisca* (Hampson, 1894)

鉴别特征：体长10～13mm，翅展23～36mm。触角红褐色线状。头、胸部暗褐色，腹部暗褐色，端部及腹面黄色。前翅暗褐色，前缘带及端带为较宽且均匀的深黄色带。后翅黄色。

寄主：不详。

分布：江苏（宜兴）、上海、四川；印度、缅甸。

注：又名黄边土苔蛾，中文名新拟。

雌

雌

16.草雪苔蛾 *Cyana pratti* (Elwes, 1890)

鉴别特征：雌虫体长10mm，翅展25mm。触角线状，自基部约1/3长度为白色，其余为黄褐色。雌虫体白色，腹部背面具红色。前翅白色，中部近前缘具三黑点，呈三角排列，黑点内侧及外侧各具红色波状纹。后翅前缘区白色，其余红色，缘毛白色。

寄主：不详。

分布：江苏、北京、河北、山西、辽宁、陕西、河南、山东、浙江、江西、湖南、湖北、广西、四川。

雌

雌

17.缘点土苔蛾 *Eilema costipuncta* (Leech, 1890)

鉴别特征：体长12mm，翅展32～35mm。触角黑褐色线状。体深橙色，触角及足的大部分为黑色；腹部腹面除末端外各节均有黑斑。前翅前缘基部有黑边，前缘中部有一小黑圆点。后翅橙黄色。

寄主：地衣。

分布：江苏、陕西、河南、山东、安徽、浙江、福建、江西、湖北、湖南、四川、台湾。

雌　　雌

18.棕背土苔蛾 *Eilema fuscodorsalis* (Matsumura, 1930)

鉴别特征：体长18mm，翅展45mm。触角褐色线状。头部、颈板黄色；胸部与翅淡黄色至深黄色；腹部淡黄色，末端深黄色。雄虫前翅窄、前缘直。雌虫前翅外缘较圆，翅反面中域灰褐色。后翅色较浅。

寄主：地衣类、苔藓类。

分布：江苏、北京、甘肃、浙江、福建、广东、广西、海南、四川；日本。

雌　　雌

19.苏土苔蛾 *Eilema nankingica* (Daniel, 1954)

鉴别特征：体长10mm，翅展25mm。触角黑褐色线状。体灰褐色；头部、颈板基部黄色；胸部暗灰色；腹端部及腹面黄色，其余灰色。前翅褐灰色，前缘带黄色，向端区逐渐变窄，至翅顶尖细，缘毛黄色。后翅色稍淡，中部染灰色。

寄主：不详。

分布：江苏（宜兴、南京）。

注：中文名新拟。

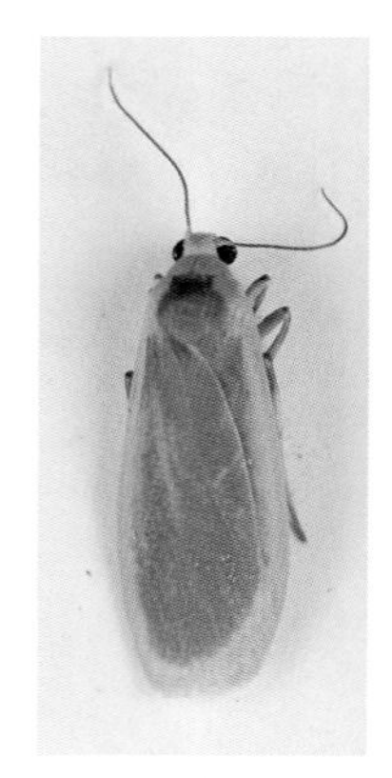
雌

雌

20.黄土苔蛾 *Eilema nigrinpoda* (Bremer, 1852)（江苏新纪录种）

鉴别特征：体长16～17mm，翅展50～53mm。触角暗褐色线状。雄虫头部、颈板淡黄色；足大部分暗褐色；腹部淡黄色。前翅暗白色，覆盖粉状粗鳞片，前缘基半部具黑边，端区黄色，背面中部染暗褐色，与端区黄色分界明显。后翅淡黄色。雌虫橙黄色，前翅背面中区具浅褐色纹，与端区无明显分界。

寄主：不详。

分布：江苏（宜兴）、上海、浙江、福建、河南、甘肃、陕西、广东；日本。

雌

雌

21.黄边美苔蛾 *Miltochrista pallida* (Bremer, 1864)

鉴别特征：体长6～8mm，翅展18～21mm。触角双栉齿状，淡褐色至黄褐色。体白色。前翅白色，前缘及外缘区具黄色宽带；基部具一黑点；前缘基部具黑边；中部在前缘黄色宽带下方具一黑点；近端部具一列小黑点或不明显。后翅淡黄色。

寄主：不详。

分布：江苏、北京、黑龙江、辽宁、陕西、河北、山东、安徽、浙江、江西、湖北、湖南、福建、广西、四川、云南、台湾；朝鲜、日本。

雌

雌

雄

雄

雄

雄

22. 硃美苔蛾 *Miltochrista pulchra* Butler, 1877（江苏新纪录种）

鉴别特征：体长10～14mm，翅展26～35mm。触角淡黄色线状。头部橙红色，胸、腹部红色；头顶、肩角、胸部具黑点。前翅朱红色；基部具黑点；具3列黑灰色线形成的带，内侧2列较直、外侧1列中部向外突出且线带较宽；黑灰色线以黄色包围；缘毛黄色。后翅红色，缘毛黄色。

寄主：不详。

分布：江苏（宜兴）、北京、河北、陕西、山东、浙江、江西、福建、湖北、广西、四川、云南以及东北地区；朝鲜、日本、俄罗斯远东地区。

雄

雌

雄

23.之美苔蛾 *Miltochrista ziczac* (Walker, 1856)

鉴别特征：体长8～9mm，翅展19～25mm。触角褐色线状，基半部白色，雄虫具鬃毛和纤毛。额、头顶白色，有黑斑；胸部背面白色；腹部灰褐色，被长粗毛。前翅白色，前缘区基部1/3具红带，前缘区中部外侧具红带、向外从顶角绕外缘直至臀角内侧；前缘基部具暗褐色点，基部1/3具黑边；翅中部内侧具2条波状暗褐色线；中部外侧具一长锯齿形斜曲线，沿顶角红带下缘直至后缘外侧1/3处；长锯齿形斜曲线内上方在红带下缘处具一黑色短斜纹；长锯齿形斜曲线外侧在红带内侧具一列黑短纹；缘毛白色。后翅淡红色，缘毛白色。

寄主：不详。

分布：江苏（宜兴、南京）、内蒙古、河北、山西以及东北地区；日本、朝鲜、奥地利、俄罗斯。

注：又名弯拐美苔蛾。

雄

雄

雌

雌

24.墨斑苔蛾 *Parasiccia limbata* (Wileman, 1911)（江苏新纪录种）

鉴别特征：体长5～8mm，翅展16～20mm。触角黄色栉齿状。体白色。前翅基域具不规则暗褐斑，斑中横过一不规则白线；中域具一大褐斑，与前后缘的两窄斑相接，大褐斑靠近翅外缘部呈墨色，与外缘两墨斑几乎相接。后翅白色，具宽阔的褐色区。

寄主：不详。

分布：江苏（宜兴）、浙江、海南、台湾。

雄

雄

雌

雌

25.泥苔蛾 *Pelosia muscerda* (Hufnagel, 1768)

鉴别特征：体长9～13mm，翅展20～30mm。雄虫触角褐灰色双栉齿状。体褐灰色。前翅褐灰色，前缘区基部到中部色淡；前缘基部黑边；翅中下部具2个斜置黑点；前缘中部外侧有4个向下斜置的黑点。后翅基部色淡。

寄主：苔藓类。

分布：江苏、黑龙江、吉林、浙江、江西、福建、湖南、广西、四川、海南、云南、台湾；日本以及欧洲。

雄

雄

26.大黄痣苔蛾 *Stigmatophora leacrita* Swinhoe, 1894

鉴别特征：体长11～14mm，翅展25～27mm。雄虫触角黄色双栉齿状，雌虫触角黄色线状。体黄色。前翅黄色；基部具一黑点；中部内侧具3黑点，上下均匀分布；中部外侧具6～7个黑点，呈弧形；近端部具4～6个黑点。后翅黄色。

寄主：地衣类、苔藓类。

分布：江苏（宜兴）、黑龙江、吉林；日本、朝鲜、韩国、俄罗斯远东地区。

雄

雄

雌　雌

雌　雌

左雄右雌　雌

27.圆斑苏苔蛾 *Thysanoptyx signata* (Walker, 1854)

鉴别特征：体长15mm，翅展41mm。触角暗褐色线状。头、胸、腹部灰黄色，胸部具一双葫芦状黑斑。雌虫前翅灰黄色；前缘中部具一半圆形黑斑；翅中部下方具一黑色大圆斑，圆斑下缘接近后缘。后翅黄色。雄虫前翅底色较灰。

寄主：不详。

分布：江苏（宜兴）、浙江、福建、江西、湖南、广东、广西、海南、四川、云南、西藏。

注：又名圆斑土苔蛾。

雌

雌

雌　　雌

雄

28.长斑苏苔蛾 *Thysanoptyx tetragona* (Walker, 1854)

鉴别特征：体长15mm，翅展39mm。触角暗褐色线状。前翅黄色；前缘基半部黑边；翅中部下方有一大块长方形黑斑，黑斑下缘达后缘；前缘外侧1/3处有一三角形黑斑；翅顶及缘毛黑色。后翅淡黄色。

寄主：不详。

分布：江苏（宜兴）、浙江、福建、江西、湖南、广东、广西、海南、四川、云南、西藏、台湾；尼泊尔、印度、印度尼西亚。

注：又名长斑土苔蛾。

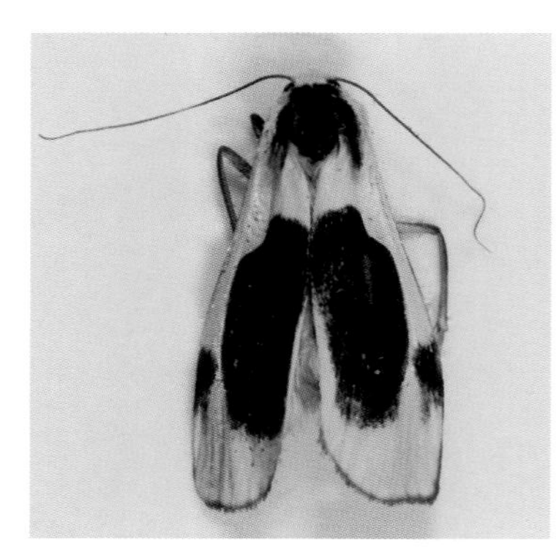

雄

雄

29.白黑瓦苔蛾 *Vamuna ramelana* (Moore, 1865)（江苏新纪录种）

鉴别特征：体长23mm，翅展55mm。触角黑色线状。体白色。雄虫前翅前缘中部具一黑点，前缘具黑边；翅中部偏外具一黑褐斑，隐约具黑紫褐色斜带；翅顶外缘上部黑色。后翅中部偏外有一紫褐斑。雌虫前翅中部具一黑褐点。

寄主：不详。

分布：江苏（宜兴）、福建、江西、湖北、湖南、广西、海南、四川、云南、西藏；印度、印度尼西亚、尼泊尔。

雌

雌

鹿蛾亚科 Syntominae

30.挂墩鹿蛾 *Amata kuatuna* Obraztsov, 1966（江苏新纪录种）

鉴别特征：体长15mm，翅展40mm。触角暗褐色线状，尖端白色。头、胸部黑色，胸部侧面具两块黄斑；腹部黑褐色，第1～5腹节具黄色宽带，第3、4腹节具黄色窄带，第2腹节无带。翅暗褐色，前翅基部M1斑近圆形，M2斑与中室同宽、基角钝，M3斑近菱形，其上附一小斑，M4斑较长，其上附一小点，M5比M6斑长而窄。后翅两斑联合，基部斑大于端部斑，后缘黄色。

寄主：不详。

分布：江苏（宜兴）、福建。

雌

31.牧鹿蛾 *Amata pasca* (Leech, 1889)

鉴别特征：体长12～19mm，翅展24～39mm。触角暗褐色线状，端部白色。体黑褐色；额黄白色；中后胸部具黄斑；后足跗节第1节白色；腹部黄带雌虫为6节，雄虫为7节，腹末完全黑褐色。前翅M1斑近方形，比M4斑宽而短，M2斑为长梯形与中室同宽，M3斑菱形或不规则形，M5通常比M6长。后翅两斑联合。

寄主：不详。

分布：江苏、陕西、浙江、福建、江西、广西、四川、西藏。

雄

雄

雄

雄

雄

雄

夜蛾科 Noctuidae

绮夜蛾亚科 Acontiinae

1.两色绮夜蛾 *Acontia bicolora* Leech, 1889

鉴别特征：体长7～9mm，翅展20～21mm。雄虫触角褐色线状，雌虫触角黑色线状。雄虫头部及胸部褐黄色，腹部暗褐色；雌蛾全体暗褐色。雄虫前翅为顶角前方至翅后缘中部的斜线分隔成两部分，基部黄褐色或深褐色，端半部黑色；雌虫前翅深黄褐色，前缘基部、中部及近端部分别具有3个大型黄白斑，翅基部近后缘具边缘不甚清晰的黄白斑，翅外缘及后角具黄白斑，有时这两个白斑相连。后翅淡褐色至深褐色。

寄主：扶桑。

分布：江苏、北京、河北、山东、甘肃、浙江、湖北、湖南、福建、广西、江西、贵州；日本、朝鲜。

雄　　雄　　雌　　雌

雄　　雄

雌　　雌

2.大理石绮夜蛾 *Acontia marmoralis* (Fabricius, 1794)（江苏新纪录种）

鉴别特征：体长8～10mm，翅展17～20mm。触角褐色线状。头、胸部及前翅浅黄色，前翅带霉绿色。雄虫前缘散布断续的深褐色和长方形斑点，翅面中部近前缘处具2个灰褐色斑，基部的呈圆形，外侧的呈肾形，顶角到后缘之间深褐色，外侧色稍淡。后翅

雄

雄

淡褐色，外缘色稍深。雌虫前翅前缘基部的断续斑与后方的深褐色斑相接，组成不规则的斑纹，其余与雄虫相似。

寄主：黄花稔。

分布：江苏（宜兴）、江西、福建、广东、海南、云南、四川、台湾；印度、尼泊尔、缅甸、斯里兰卡、印度尼西亚、越南、泰国。

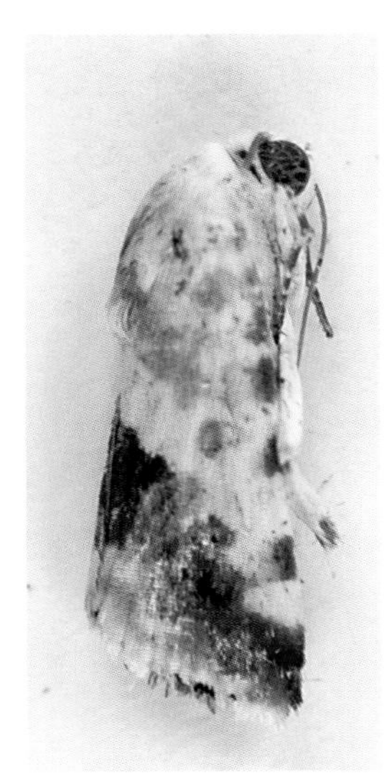

雄

雄

雄

雄

3.斜带绮夜蛾 *Acontia olivacea* (Hampson, 1891)

鉴别特征：体长12mm，翅展20mm。触角褐色线状。头部绿褐色，胸、腹部褐白色。前翅基部区域与前缘区白色；前缘绿褐色；顶角区带有黄色；翅中后部至外缘绿褐色，中间被褐白横线分隔，线两侧带黄色；翅外缘具一列新月形黑褐点纹，内侧具白色波浪形线；缘毛白色带褐色。后翅绿褐色，缘毛端部白色。

寄主：不详。

分布：江苏、江西、浙江、台湾；日本、朝鲜、韩国、俄罗斯、越南、泰国、尼泊尔、印度、菲律宾、印度尼西亚。

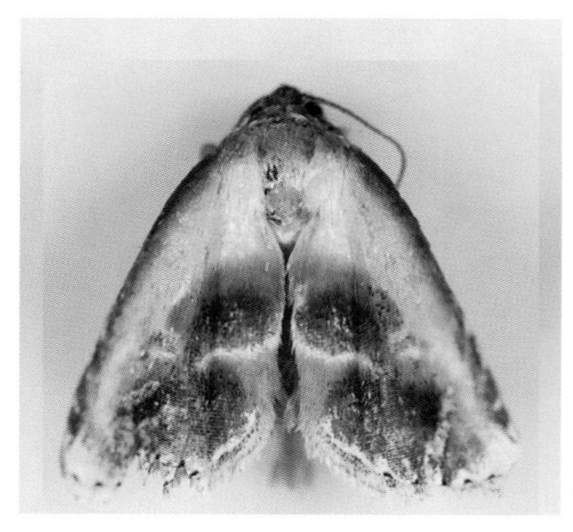
雄

雄

4.星卫翅夜蛾 *Amyna stellata* Butler, 1878（江苏新纪录种）

鉴别特征：体长10～12mm，翅展20～22mm。触角褐色线状。头部褐色；胸、腹部及前翅红褐色。前翅前缘具深色短横纹，其间杂有白色斑纹；翅面中央及中央与翅基部中间各具一黄白色近圆形斑，此两斑的外侧分别具波形深线横纹；翅顶角处具一灰白色圆形斑。后翅灰褐色，翅面近外侧横线暗褐色，端缘暗褐色。

寄主：不详。

分布：江苏（宜兴）、广东、广西；日本。

雄

雄

雌

雌

5.黑俚夜蛾 *Anterastria atrata* (Butler, 1881)

鉴别特征：体长9mm，翅展22mm。触角黑褐色线状。头、胸、腹部灰褐色至黑褐色。前翅褐色至黑褐色，横线波状；中部具外镶黑色边的环纹，外侧具白色肾形纹，其前端与前缘近端部的白色边相连；端缘具一列黑点。后翅褐色至深褐色。

寄主：香薷、薄荷。

分布：江苏（宜兴）、福建、四川以及东北地区；日本、朝鲜、韩国、俄罗斯东南部。

雌

雌

雄

6.柑橘孔夜蛾 *Corgatha dictaria* (Walker, 1861)

鉴别特征：体长8mm，翅展20mm。触角黄褐色线状。头、胸、腹部及翅均红褐色，头顶有白斑。前翅黄褐色，杂有黑色小点，翅中央近前缘具一黑色肾形纹，其内外侧各具一条白线，近外缘具波状白线，端缘具一列小黑斑。后翅中部具白线，外缘具一列黑点。

寄主：柑橘类。

分布：江苏、浙江、四川；日本。

雄

雄

7.昭孔夜蛾 *Corgatha nitens* (Butler, 1879)

鉴别特征：体长6～7mm，翅展14～16mm。触角暗褐色线状。头部背面触角着生处白色，其余部分及胸、腹部浅红棕色。前翅浅赭色微带紫红，翅面中央具3条横线，中间的横线前端不明显，后端内斜，翅端具外侧嵌淡色边的深褐色纹，前缘端半部具3个淡色斑点。后翅黄褐色带紫红，基部横线宽而模糊，外侧的细而清晰。

寄主：地衣。

分布：江苏、江西；日本、朝鲜、韩国。

雄

雄

雌

雌

8.涡猎夜蛾 *Eublemma cochylioides* (Guenée, 1852)（江苏新纪录种）

鉴别特征：体长6～7mm，翅展16～17mm。触角粉褐色线状。头部及胸部淡黄色，腹部黄褐色。前翅近中部有一内斜褐条，其内侧区域淡黄色，外侧区域桃红色，端部褐色。后翅淡黄色带褐色。

寄主：莴苣属。

分布：江苏（宜兴）、云南、台湾；叙利亚、印度、斯里兰卡、印度尼西亚以及非洲、大洋洲。

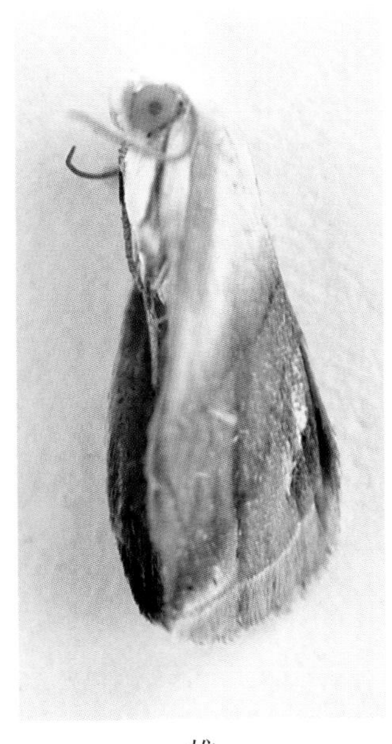

雄

雄

雌

雄

雌

9.莫干虚俚夜蛾 *Koyaga vexillifera* (Berio, 1977)（江苏新纪录种）

鉴别特征：体长8mm，翅展23mm。触角黑褐色线状。头、胸部灰褐色，腹部褐色。前翅灰褐色，中端部具色不规则黑斑；横线黑色，镶淡色边；中部具深褐色环纹，外侧具双环状的肾形纹，前端色淡，后端色深。后翅灰褐色，前缘基部色淡。

寄主：不详。

分布：江苏（宜兴）、浙江。

注：首次给出中文名，模式标本采自莫干山。

雄

雄

雄

雄

雌

雌

10.小冠微夜蛾 *Lophomilia polybapta* (Butler, 1879)

鉴别特征：体长9～11mm，翅展21～27mm。雄虫触角黑褐色线状，雌虫触角黄褐色线状。头部淡褐色，胸部棕色，腹部褐色。前翅近端部1/3处具一后方向基部弯曲的波状白线将翅面划分成两部分，基部2/3呈棕褐色不规则放射状斑纹，其间杂黄褐色斑纹，端部1/3灰褐色，饰一列稀疏排列的黑色斑。后翅灰褐色。

寄主：麻栎、板栗。

分布：江苏、北京、河北、山东、浙江、台湾；日本、朝鲜。

注：又名小冠夜蛾。

雄

雄

雌

雌

11.交兰纹夜蛾 *Lophonycta confusa* (Leech, [1889])

鉴别特征：体长14～17mm，翅展28～32mm。触角灰褐色线状。头部白色，头顶具2个黑点。触角黑色，基部白色。胸部背面黑色。前翅黑色，具乱网状白色条纹。后翅黄褐色，端缘黑色。

寄主：不详。

分布：江苏（宜兴）、江西、浙江、湖南、福建、广西、四川、云南；日本。

雄

雄

雌

雌

12.路瑙夜蛾 *Maliattha chalcogramma* (Bryk, 1949)

鉴别特征：体长7～8mm，翅展17～18mm。雄虫触角深褐色线状，雌虫触角淡褐色线状。头、胸部灰褐色，腹部深黄褐色。前翅顶角至后缘中部形成一分界线，基部淡灰色至褐色，外方紫棕褐色，且棕褐色区域近后缘处具白色条纹。后翅褐色。

寄主：不详。

分布：江苏、黑龙江、河南、浙江、湖南、福建、四川；日本、印度。

雄　雄

雌　雌

13.标瑙夜蛾 *Maliattha signifera* (Walker, [1858])

鉴别特征：体长6～8mm，翅展15～21mm。触角淡褐色线状。头、胸部白色杂少许褐色鳞片，腹部淡褐色。前翅基部1/3白色，前缘基部具二褐斑，外侧为外嵌黑色鳞片的宽白带；中部1/3黄褐色，中间具一条黑色横带，横带外侧具一内嵌黑色弯曲条纹的方形白斑，白斑外侧与一长方形黑斑相连；端部1/3黄褐色，前缘具2个小白斑，中部具内嵌不规则黑斑、端缘镶淡色边缘的褐色条纹。后翅淡褐色，端区色暗。

寄主：牛筋草。

分布：江苏、河北、湖北、江西、福建、广东、广西、香港、台湾；日本、朝鲜、韩国、泰国、越南、柬埔寨、菲律宾、印度、缅甸、斯里兰卡、马来西亚、尼泊尔、巴基斯坦以及大洋洲等。

雄

雄

雌

雌

14.宜兴嵌夜蛾 *Micardia yixingensis* Liang, Zhu, Weng et Sun, 2019

鉴别特征：体长雄11mm，雌10mm；翅展雄30mm，雌34mm。雄虫触角黄褐色线状，雌虫触角褐色线状且触角干被白毛。虫体暗褐色，头部银白色，胸、腹部背面白，侧腹面暗褐色。前翅横线不明显，沿顶角至后缘中部具一褐色斜线，其内侧黄褐色，外侧浅褐色，翅基部至此线之间具一近四边形银色斑。后翅淡褐色，零星散布少许黑点，翅缘具一列小黑点。

寄主：不详。

分布：江苏（宜兴）。

雄　雄

雌　雌

15.**稻螟蛉夜蛾** *Naranga aenescens* Moore, 1881

鉴别特征：体长8mm，翅展16mm。触角金黄色线状。头部与胸部褐黄色。前翅金黄色，前缘区基部红褐色，后缘区基部微带血红色，自前缘中部外侧发出一条红褐色内斜条纹至翅后缘内中区，顶角另发出内斜的红褐色短条纹。后翅暗褐色。

寄主：稻、高粱、玉米、稗、茅草、茭白等。

分布：江苏、河北、陕西、湖南、江西、福建、广西、云南、台湾；日本、朝鲜、韩国、俄罗斯、细甸、印度尼西亚、尼泊尔、印度。

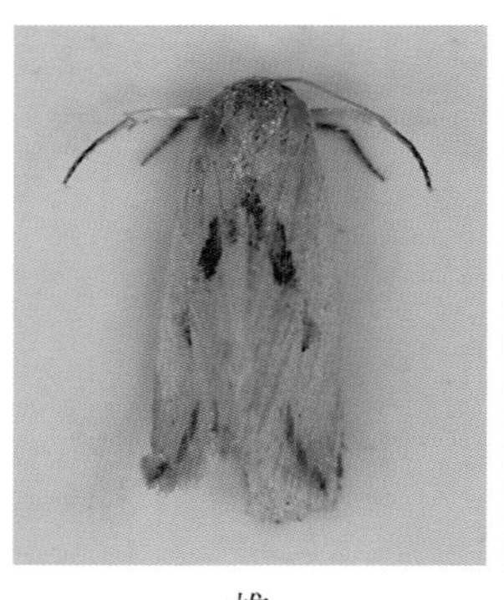

雄　　雄

16.弱夜蛾 *Ozarba punctigera* Walker, 1865

鉴别特征：体长8～10mm，翅展18～23mm。触角线状，基部1/3为黄褐色，其余为黑褐色。头、胸部灰棕色；腹部灰褐色。前翅基半部灰棕色，具明显的双线横纹；端半部暗棕色，亦具双线横纹，其内侧具一黑斑，近端部横线波状。后翅浅褐棕色。

寄主：爵床。

分布：江苏、浙江、湖北、贵州；日本、朝鲜、印度以及大洋洲等。

雄　　雄

雌　　雌

雌

雌

雌

17.姬夜蛾 *Phyllophila obliterata* (Rambur, 1833)

鉴别特征：体长9～10mm，翅展22～24mm。触角黄褐色线状。头、胸、腹部灰褐色。前翅灰褐色，可见3条明显的黄白色波状横纹，最外侧横纹前端不连续，后缘稍放宽。后翅淡褐色。

寄主：除虫菊、蒿。

分布：江苏、江西、北京、黑龙江、内蒙古、新疆、河北、河南、陕西、山东、安徽、浙江、湖北、湖南、福建、台湾；日本、朝鲜、韩国以及欧洲。

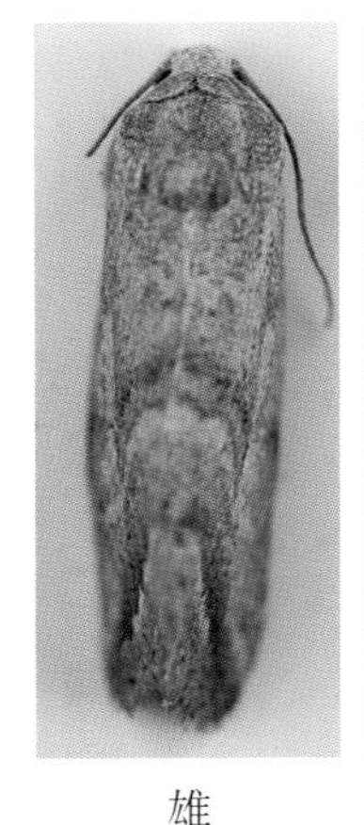
雄

雄

雄

18.赭灰裴夜蛾 *Sophta ruficeps* (Walker, 1864)（江苏新纪录种）

鉴别特征：体长7～8mm，翅展15～20mm。雄虫触角黄褐色线状，雌虫触角淡褐色线状。头部与颈板红棕色，胸、腹部淡赭灰色。前翅淡赭灰色，带有暗棕色并布有黑色细小点，中部近前缘处具由3个黑点组成黑斑，此斑外侧的横线外侧灰色，自前缘外弯后再内折达后缘，翅外缘有一列黑点。后翅淡赭灰色，中央具横线，外缘色稍深，端缘具一列黑点。

寄主：不详。

分布：江苏（宜兴）、江西、四川、台湾；韩国、日本、泰国、缅甸、印度尼西亚、菲律宾、越南、斯里兰卡、马来西亚、印度。

注：又名赭索夜蛾。

雄

雄

雌

雌

19.白条兰纹夜蛾 *Stenoloba albiangulata* (Mell, 1943)（江苏新纪录种）

鉴别特征：体长9mm，翅展22mm。触角深褐色线状。头部深褐色，胸部白色，腹部各节前半段黑色，后半段白色。前翅近四边形，深褐色，翅中部具宽白色横带，翅基具伸达翅外缘的白色宽纵带，自然停息时，两宽带组成“凸”字形斑纹。后翅灰褐色。

寄主：不详。

分布：江苏（宜兴）、江西、浙江、广东；越南。

雌　雌

雌　雌

雄　雄

剑纹夜蛾亚科 Acronictinae

20.光剑纹夜蛾 *Acronicta adaucta* Warren, 1909（江苏新纪录种）

鉴别特征：体长15mm，翅展34mm。触角灰褐色线状。头、胸部灰褐色；腹部污灰色。前翅褐灰色，密布细黑点，翅面各横线均双线黑色，翅面中央近前端具大型肾形纹，外镶淡褐色边，肾形纹基侧具淡褐色圆斑，外镶深褐色边；近后缘处由基部向端部散布3条黑色剑状纹。后翅污白色。

寄主：樱花、梅、苹果、桃等蔷薇科。

分布：江苏（宜兴）、江西、北京、山东以及东北地区；日本、朝鲜、韩国、俄罗斯东南部。

雄　雄

雌　雌

21.桑剑纹夜蛾 *Acronicta major* (Bremer, 1861)

鉴别特征：体长22～23mm，翅展50～58mm。触角淡黄褐色线状。头、胸部及前翅灰白带有褐色。前翅翅基褐色，由翅基部沿翅中央向外缘延伸近1/3处有一黑色细斑纹，其端部杈状分支，翅面中央具一灰色肾形斑纹，边缘为黑色，翅面中央与翅基部中间具一灰色近圆形斑，边缘浅黑色，以上两斑内外侧均分布有黑色双横线。后翅为浅褐色，近外缘分布有可见的黑色线。

寄主：香椿、桑、桃、李、梅、梨等。

分布：江苏、黑龙江、陕西、河南、湖北、湖南、四川、云南；日本、俄罗斯。

雌　　雌

22.梨剑纹夜蛾 *Acronicta rumicis* (Linnaeus, 1758)

鉴别特征：体长17～20mm，翅展32～46mm。触角暗褐色线状。头、胸部灰褐色杂黑白色鳞片，腹部褐灰色。前翅灰褐色至深褐色，基部的横线双线黑色，翅端的横线色淡，翅中部具一大型肾形纹，外缘稍凹入，其内侧具圆环形斑，中间具一深褐色点。后翅黄褐色。

寄主：梨、桃、苹果、山楂、梅、柳等。

分布：江苏、新疆、浙江、湖北、湖南、福建、四川、贵州、云南；日本、朝鲜、韩国、蒙古以及欧洲、北非。

雄

雄

雄

雄

23.明钝夜蛾 *Anacronicta nitida* (Butler, 1878)

鉴别特征：体长17～19mm，翅展36～38mm。触角黑褐色线状。头、胸部灰黑色。前翅褐黑色微带紫色，近翅基处有一黑色波浪形双线，翅面中央及中央与翅基部中间各具一浅色斑纹，此两斑的内外侧分别具波形深线双横纹；翅面中央有一黑纹外伸至外缘，黑纹之前具一大灰白区。后翅淡褐色，近外缘区较暗褐。

寄主：竹叶草。

分布：江苏、黑龙江、浙江、福建、湖南、四川、贵州、云南、台湾；日本、朝鲜。

注：又名明后夜蛾、明后剑纹夜蛾。

雄

雄

24.缀白剑纹夜蛾 *Narcotica niveosparsa* (Matsumura, 1926)

鉴别特征：体长13mm，翅展26mm。触角深褐色线状。头部淡褐色，胸部深褐色，腹部褐色。前翅褐色，有些个体深褐色；各横线黑色，不明显；翅前缘中部及端区散布白色斑。后翅褐色。

寄主：不详。

分布：江苏、江西以及东北地区；日本、朝鲜、韩国。

雌

雌

25.峨眉仿剑纹夜蛾 *Peudacronicta omishanensis* (Draeseke, 1928)（江苏新纪录种）

鉴别特征：体长12mm，翅展29mm。触角灰褐色线状。头部灰色，散布白色；胸部灰色，中央两侧具有黑色纵纹，在后胸相连。腹部灰色，第1～2节色较淡。前翅灰白色，横线多波状，前段黑色，中段灰白色，不明显，翅中部附近具深褐色肾形斑，内侧镶灰白色短纹；沿翅基向端部具断续的黑色纵纹。后翅灰褐色至褐色，由内至外渐深。

寄主：不详。

分布：江苏（宜兴）、江西、四川。

雄

虎蛾亚科 Agaristinae

26.背点修虎蛾 *Sarbanissa catacaloides* (Walker, 1862)（江苏新纪录种）

鉴别特征：体长19mm，翅展40mm。触角深褐色线状。头、胸部深褐色，腹部黄色。前翅红褐色至黑褐色，自基部向亚端部发出一黄白色三角形斑纹，内嵌一大一小两个椭圆形深褐色斑；该三角形斑与前缘之间呈灰褐色，与翅外缘及后缘间呈黑褐色或红褐色，有些个体黄白色三角形斑基部不清晰。后翅基部黄色，内嵌一小黑斑（雌虫），或不具小黑斑（雄虫），端部具宽黑带。

寄主：不详。

分布：江苏（宜兴）、湖北；马来西亚。

雌

雌

27.艳修虎蛾 *Sarbanissa venusta* (Leech, 1888)

鉴别特征：体长18mm，翅展28mm。触角红褐色线状。头、胸部深褐色，腹部黄色。前翅红褐色至黑褐色，自基部向亚端部发出一黄白色三角形，其内嵌一大一小两个椭圆形深褐色斑；该三角形斑与前缘之间呈灰褐色，与翅外缘及后缘间呈黑褐色或红褐色，顶角及后角各具一红色斑；后缘中部隐约可见“π”形斑，自然停息时形成方框形。后翅基部黄色，内嵌一小黑斑，端部具宽黑带。

寄主：爬山虎、葡萄。

分布：江苏、江西、黑龙江、吉林、陕西、甘肃、浙江、北京、河南、河北、山东、上海、安徽、湖北、四川、云南；日本、朝鲜、韩国、俄罗斯。

雄

雄

雌

雌

杂夜蛾亚科 Amphipyrinae

28. 间纹炫夜蛾 *Actinotia intermediata* (Bremer, 1861)（江苏新纪录种）

鉴别特征：体长12mm，翅展26mm。触角褐色线状。头、胸部及前翅灰白带浅褐色，腹部灰褐色。翅脉黑色，前、后缘及中室前半带紫褐色，肾形纹后方及2～5脉基部紫棕色，剑纹细长，环纹长扁，肾形纹大，1脉后有一褐线，臂纹外有一尖白齿，一黑纹自顶角至肾形纹，臀角前有一黑纹。后翅浅褐灰色，端区黑棕色。

寄主：不详。

分布：江苏（宜兴）、江西、陕西、黑龙江、湖北、浙江、福建、湖南、四川、云南、海南、台湾；日本、朝鲜、韩国、印度、斯里兰卡、俄罗斯、越南、尼泊尔、巴基斯坦、南非。

雄

雄

29. 连委夜蛾 *Athetis cognata* (Moore, 1882)（江苏新纪录种）

鉴别特征：体长11mm，翅展22mm。触角褐色线状。头部浅褐色，胸部及腹部褐色。前翅褐色，横线黑色，多呈波状，中部附近具一小黑点，外侧具一不甚清晰的肾形纹。后翅灰白色，前缘端部及外缘前端深褐色。

寄主：不详。

分布：江苏（宜兴）、云南；印度。

雌

雌

30.线委夜蛾 *Athetis lineosa* (Moore, 1881)（江苏新纪录种）

鉴别特征：体长14～17mm，翅展27～35mm。触角褐色线状。头部灰褐色；胸部褐色。前翅浅褐色，翅脉有暗褐纹，各横线均黑色，基部的横线直，中央的横线波状，近翅端的横线略呈弧形；翅面中央具白色肾形纹，其上具一小白点，其基侧具一小黑点。后翅灰褐色，缘毛黄白色。

寄主：牛膝、牛筋草、竹叶草、椴树、翠菊、蒲公英、艾草、刺蓼、酸模、日本打碗花以及莴苣属、爵床科、旋花科植物。

分布：江苏（宜兴）、江西、陕西、甘肃、河北、河南、浙江、湖北、湖南、福建、海南、广西、四川、云南、台湾；朝鲜、韩国、日本、俄罗斯、印度、尼泊尔。

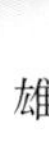
雄

雄

雌

雌

31.倭委夜蛾 *Athetis stellata* (Moore, 1882)（江苏新纪录种）

鉴别特征：体长14～15mm，翅展28～34mm。触角黑褐色线状。头、胸部暗褐色，腹部褐色。前翅灰褐色，端区暗褐色，各横线均黑色，基部的横线直，其余的均呈波状；翅面中央近前端具一小白点，后方具两小白点，白点基侧具一小黑点。后翅灰白色，顶角处深褐色。

寄主：翠菊、蒲公英、艾草、酸模以及唇形科植物。

分布：江苏（宜兴）、上海、福建、四川、西藏；日本、朝鲜、印度、斯里兰卡。

雌

雌

雄

32.弧角散纹夜蛾 *Callopistria duplicans* Walker, 1858

鉴别特征：体长11～15mm，翅展25～27mm。触角线状；雄虫触角自基部约1/3处弯曲，雌虫触角直；雄虫触角黄褐色，雌虫触角褐色。头、胸部褐杂黑色，腹部暗褐色。前翅棕褐色，翅脉淡黄色，各横线白色，两侧黑色，或双线白色，线间黑色；环纹黑色白边，外斜，肾形纹白色，中央有一黑曲条及一褐曲纹；与近端部的波状横线相连，顶角及后方具白色粗条纹。后翅灰棕色，略带黄色。

寄主：海金沙草。

分布：江苏、山东、浙江、江西、福建、海南、四川、台湾；日本、韩国、越南、尼泊尔、菲律宾、朝鲜、印度、缅甸。

雄

雄

雄

雄

雌

雌

雌

33.红棕散纹夜蛾 *Callopistria placodoides* (Guenée, 1852)（江苏新纪录种）

鉴别特征：体长12～13mm，翅展24～28mm。触角深褐色线状；雄虫触角自基部约1/3处有疖，而雌虫没有。头、胸部与腹部红褐色。前翅基部1/3红褐色，内嵌一边界不清晰的深褐色斑；翅面中部横线双线形，波状，并向两侧弥漫呈黑色；翅中部前缘具大型方形斑，镶白边；近端部横线白色，波状；外缘中部稍向外凸。后翅暗褐色。

寄主：蕨类。

分布：江苏（宜兴）、江西、浙江、湖南、福建、海南、云南、台湾；韩国、日本、越南、印度、马来西亚、印度尼西亚、尼泊尔。

雄　　雄

雌　　雄

34.红晕散纹夜蛾 *Callopistria repleta* Walker, 1858

鉴别特征：体长13～17mm，翅展29～32mm。触角淡黄色线状，雄虫触角自基部约1/2处弯曲。头、胸部与腹部褐色，腹部每节末端淡黄色。雄蛾触角中部明显弯曲，雌蛾触角直或稍弯曲；前翅棕黑色，间有红赭色、褐色和白色；翅面基部1/3处的横线双线白色，端部1/3处的横线双线白色，线间黑色，较直，仅在近前缘呈折角；此两横线之间基向具一长椭圆形环状纹，外镶黄褐色细边；外侧具2条乳黄色长条纹，条纹间具黑色斑纹。后翅深褐色。

寄主：蕨类。

分布：江苏、北京、陕西、江西、河北、山西、河南、浙江、湖北、湖南、福建、四川、广西、云南、海南、台湾以及东北地区；朝鲜、韩国、日本、俄罗斯、印度、越南、泰国、马来西亚、印度尼西亚、巴基斯坦。

雄　　雄

雌　　雌

35.钩散纹夜蛾 *Callopistria rivularis* Walker, [1858]（江苏新纪录种）

鉴别特征：体长10～11mm，翅展24～27mm。触角线状，黄褐色或深褐色。头、胸部深褐色，腹部褐色。前翅深褐色，横线双线形、波状；翅中部具嵌淡色边的黑色环形斑，外侧为倾斜的大型肾形纹，近端部附近具一列较大的黑斑列，顶角具闪电形淡色斑纹，其下方具较粗的菱形纵纹，端缘具一列内侧嵌白边的半圆形黑斑。后翅灰褐色。

寄主：粗毛鳞盖蕨。

分布：江苏（宜兴）、福建、广东、广西、海南、西藏、台湾；日本、朝鲜、韩国、印度、马来西亚、泰国、尼泊尔、斯里兰卡、印度尼西亚、澳大利亚、所罗门群岛。

雌

雌

雌

雌

雌

雌

36.楚点夜蛾 *Condica dolorosa* (Walker, 1865)（江苏新纪录种）

鉴别特征：体长15～17mm，翅展30～32mm。触角黑褐色线状。头、胸部黑褐色杂黄色，腹部褐赭色。前翅铜褐色带灰色，近翅基部具红褐色横线，翅面中央具一白曲纹，围以褐白点，翅面中央与翅基部中间具一环状斑纹，较小，两斑纹内侧为黑色波浪形横纹，外侧为黑色锯齿状横纹，其齿尖为黑白点，近外缘处有一列赭黄色点。后翅白色带褐色。

寄主：不详。

分布：江苏（宜兴）、江西、湖南、福建、广东、海南、云南、台湾；泰国、越南、印度、斯里兰卡、马来西亚、印度尼西亚、菲律宾、斐济、尼泊尔、巴布亚新几内亚、澳大利亚。

雄

雄

雌

雌

37.玛瑙兜夜蛾 *Cosmia achatina* Butler, 1879

鉴别特征：体长14～16mm，翅展30～36mm。触角黑褐色线状。头、胸部灰褐色，腹部灰褐色。前翅灰褐色并散布黑色细小点，由基部向端部颜色逐渐加深，基半部的横线波状，端半部的横线中上部略向外凸，这些横线将翅面划分成不规则玛瑙状斑纹；翅中部具椭圆形环纹，其外侧具不甚规则的肾形纹。后翅黄褐色，基区淡，端区黑，缘毛黄色。

寄主：朴树以及大麻科植物。

分布：江苏（宜兴、南京）、黑龙江、内蒙古、台湾；日本、朝鲜、韩国、尼泊尔。

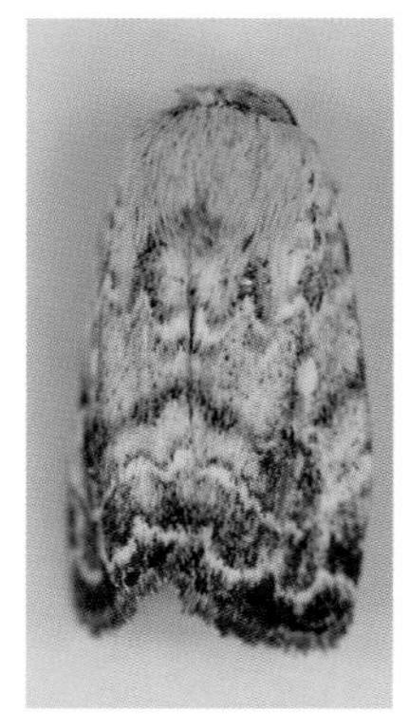
雄

雄

雌

雌

38.暗翅夜蛾 *Dypterygia caliginosa* (Walker, 1858)

鉴别特征：体长17～18mm，翅展33～40mm。触角黑色线状。头、胸、腹部黑褐色，有些种类略带绿色。前翅黑褐色或褐色带绿色，翅面为近端部强烈波状的横线划分成面积较大的基区和面积较小的端区；基区色深，基部的横线锯齿状，该区中部近前端具圆形斑，下方具椭圆形斑，外侧具肾形斑；端区浅褐色，但前端约与基区颜色接近，沿翅脉具黑条纹。后翅暗褐色，基部色稍淡。

寄主：虎杖、羊蹄。

分布：江苏、河北、陕西、湖北、湖南、浙江、福建、海南、贵州、云南；日本。

雄　雄

雌　雌

雌　雌

39. 井夜蛾 *Dysmilichia gemella* (Leech, 1889)（江苏新纪录种）

鉴别特征：体长10～12mm，翅展20～28mm。触角淡黄色线状。体背及前翅黄褐色至棕褐色。前翅近基部有白点组成的横线，翅面中央具由2个“U”形白斑组成的斑纹，每个斑内具一白点，其总体呈“3”字形，翅面中央与翅基部中间具一白色圆斑，两斑内侧具由白点组成的横线，外侧具由2列白斑组成的横线，其内侧一列斑纹较大。后翅淡褐色。

寄主：紫苏。

分布：江苏（宜兴）、陕西、北京、黑龙江、河北、浙江、福建；日本、朝鲜、俄罗斯。

雄

雄

雌

雌

雌

40.后黄东夜蛾 *Euromoia subpulchra* (Alphéraky, 1897)（江苏新纪录种）

鉴别特征：体长17～18mm，翅展40mm。触角黄褐色线状。头、胸部深褐色，腹部灰褐色。前翅灰褐色，翅基部、中部及翅端附近具边缘不清晰的黄褐色斑，中部偏基向具深褐色环状斑，其外侧具较大的淡褐色肾形纹。后翅黄褐色，基部色较深，端部具较宽的黑色带，端缘黄色。

寄主：不详。

分布：江苏（宜兴）、陕西、湖北、福建；日本、朝鲜。

雄

雄

雌

雌

41.健构夜蛾 *Gortyna fortis* (Butler, 1878)（江苏新纪录种）

鉴别特征：体长19mm，翅展40mm。触角黄褐色线状。头部灰褐色，胸部红褐至深褐色，腹部褐色。前翅黄色密布赤褐色斑点，翅面由近基部具深褐色宽带纹及近端部1/4处呈弧形外弯的横线划分成基区、中区与端区；基区赭黄色；中区黄色，基侧具环状斑，其下侧具椭圆形斑，外侧具较大的肾形斑；端部深褐色，顶角黄色；其余各横线褐色，波状。后翅灰褐色。

寄主：不详。

分布：江苏（宜兴）、黑龙江、福建；日本。

雌

雌

42.日雅夜蛾 *Iambia japonica* Sugi, 1958（江苏新纪录种）

鉴别特征：体长13mm，翅展32mm。触角黑褐色线状。头部淡褐色，胸部黑褐色，腹部褐色。前翅褐色，前缘具外斜的黑色短条纹，翅中部具一较宽的黑色带，并与翅基沿后缘的黑色纵带相连；翅端前半部黑色，后方白色；翅外缘具一列三角形黑斑。后翅暗褐色，端部色深。

寄主：不详。

分布：江苏（宜兴）、福建、广西；日本、朝鲜、韩国。

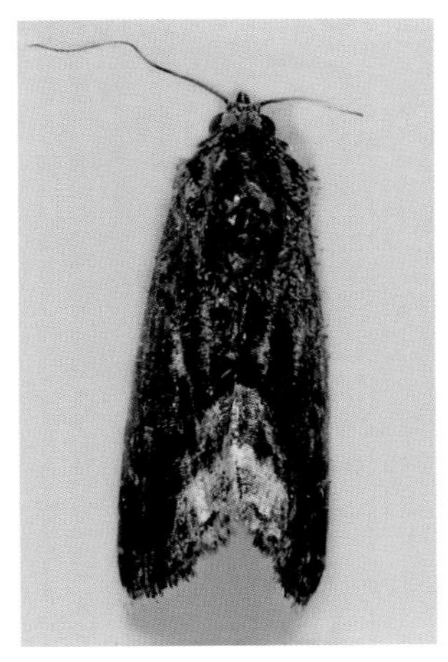

雌

雌

43.沪齐夜蛾 *Imosca hoenei* (Bang-Haas, 1927)

鉴别特征：体长15～16mm，翅展34～35mm。触角灰黄色线状。前翅灰黄色，前缘2/3处有一紫褐色大斑，翅面中央具一灰黄色、具灰白边的斑纹，翅面中央与翅基部中间具一灰黄色、长圆形、有白边的近圆形斑，两斑内侧具从前缘内侧1/4处外斜至后缘近中部的灰白色横线，外侧具从前缘大斑内外斜至翅中部，再折角向内斜到达后缘的灰白色横线。后翅淡褐色，近外缘区暗褐色。

寄主：椴树。

分布：江苏、江西。

雄

雄

雌

雌

44.乏夜蛾 *Niphonyx segregata* (Butler, 1878)

鉴别特征：体长13～14mm，翅展28～30mm。触角灰褐色线状。头、胸、腹部灰褐色。前翅褐色，基部具一黑斑，中区自前缘至后缘有一暗褐色宽带；翅中部肾形纹褐色，具灰白边；顶角前具黑色三角形斑，并与下方外缘呈锯齿状的宽黑带相接。后翅褐色。

寄主：葎草。

分布：江苏、黑龙江、河北、河南、福建、云南；日本、朝鲜。

雄

雄

45.胖夜蛾 *Orthogonia sera* Felder et Felder, 1862（江苏新纪录种）

鉴别特征：体长26mm，翅展60mm。触角黑色线状。头、胸、腹部及前翅棕褐色。前翅基部由3个黑斑组成，中部有剑纹，且带一黑点，外缘中部有一黑纹，内侧两黑点。

后翅褐色。

寄主：虎杖、羊蹄。

分布：江苏（宜兴）、江西、陕西、浙江、四川、云南以及东北地区；日本、朝鲜、韩国、俄罗斯。

雌

雌

46.朴夜蛾 *Plusilla rosalia* Staudinger, 1892

鉴别特征：体长10～12mm，翅展27～30mm。触角红褐色线状。头、胸部褐带粉红色，腹部灰褐色。前翅前缘深褐色，前缘近基部1/3至后缘中央具一斜向横线将翅面划分成基半部与端半部，基半部红褐色，端半部深红褐色；该斜向横线中段基侧白色，沿此横线向外侧弥漫呈黑色；顶角发出一条内向斜走的黑带，其下半部镶白色带纹，停息时两条白色带纹呈“八”字形。后翅黄白微褐色。

寄主：水蓼。

分布：江苏、辽宁、黑龙江、湖北；俄罗斯。

雄

雄

47. 日月明夜蛾 *Sphragifera biplagiata* (Walker, 1858)

鉴别特征：体长11～12mm，翅展27～29mm。触角淡褐色线状。头部及胸部白色，腹部背面淡褐色，腹部较白。前翅白色，后半部及近臀角区土灰色，翅前缘脉近翅基处有一褐点，中部有一赤褐斜斑直达中室下角翅中，并与上述土灰色区相连，近顶角处有一赤褐色近圆形大斑纹，翅面中央具一黑褐色具白边呈“8”字形斑纹，其外侧有一模糊的黑褐斑，近外缘处有一列内侧衬白的黑长点。后翅淡褐色。

寄主：不详。

分布：江苏、江西、吉林、辽宁、陕西、甘肃、河北、河南、湖北、湖南、浙江、福建、贵州、台湾；日本、朝鲜、韩国。

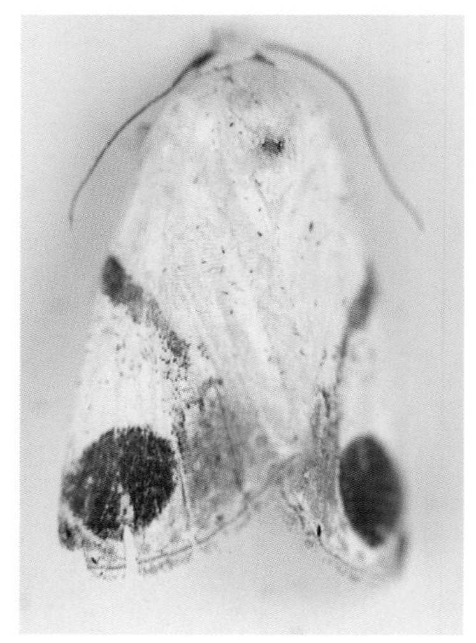
雄

雄

雌

48.淡剑灰翅夜蛾 *Spodoptera depravata* (Butler, 1879)

鉴别特征：体长11～12mm，翅展20～26mm。雄虫触角黑褐色双栉齿状。体色个体间差较大，但大多灰褐色。头、胸部灰褐色，腹部深褐色。前翅灰褐色，前缘基半部淡褐色，中部具外斜的环纹，外侧具深褐色肾形纹，外镶淡色纹；两纹下侧的翅脉被白色鳞片；基半部的横线弧形，前端不明显；亚端部的横线黑色，前端宽，其外侧具一列黑色三角形斑，端部的横线由脉间的黑点组成。后翅淡褐色，前缘基部及端缘色深。

寄主：结缕草、栗。

分布：江苏、湖北、湖南、浙江、福建；日本、朝鲜、韩国。

雄

雄

雄

雄

49.甜菜夜蛾 *Spodoptera exigua* (Hübner, 1808)

鉴别特征：体长13mm，翅展28mm。触角灰褐色线状。头、胸部灰褐色，腹部淡褐色。前翅灰褐色，前缘色深，嵌白色斑；各横线淡色，波状；翅中部具大型环纹，内嵌黄褐色斑，外侧为大型深褐色肾形纹；端缘具一列小黑点。后翅白色，前缘色深。

寄主：甜菜、棉、马铃薯以及豆类、番茄等多种蔬菜。

分布：华北地区、华东地区、华中地区、华南地区、西南地区；日本、印度、韩国、缅甸、尼泊尔、巴基斯坦、澳大利亚以及夏威夷岛、北美洲、欧洲、非洲。

雄

雄

雌

雌

50.斜纹夜蛾 *Spodoptera litura* (Fabricius, 1775)

鉴别特征：体长14～17mm，翅展32～39mm。触角暗褐色线状。成虫前翅灰褐色，内横线和外横线灰白色，呈波浪形，有白色条纹，环状纹不明显，肾形纹前部呈白色，后部呈黑色，环状纹和肾形纹之间有3条白线组成明显的较宽的斜纹，自翅基部向外缘还有1条白纹。后翅白色，外缘暗褐色。

寄主：很杂，包括甘薯、棉、芋、荷、向日葵、烟、芝麻、玉米、高粱以及瓜类、豆类等各种蔬菜。

分布：江苏、江西、山东、浙江、湖南、福建、广东、海南、贵州、云南；朝鲜、韩国、日本、俄罗斯、印度尼西亚、印度、尼泊尔、巴基斯坦、巴布亚新几内亚、斐济、哥伦比亚、澳大利亚、新西兰、所罗门群岛。

雄

雄

雌

雌

51.灰翅夜蛾 *Spodoptera mauritia* (Biosduval, 1833)

鉴别特征：体长17mm，翅展35mm。触角淡褐色线状。头、胸部灰褐色，腹部深褐色。前翅灰褐色，中部具外斜的环纹，外侧具深褐色肾形纹，外镶淡色纹；各横线近黑色，多呈波状，端部的横线由脉间的黑点组成；顶角灰白色。后翅淡褐色，前缘色深。

寄主：白菜、棉花、菰、甘蔗、朝鲜草以及禾木科植物牛筋草、稻、麦等。

分布：江苏、山东、浙江、湖南、福建、广东、广西、海南、云南、台湾；日本、印度、缅甸、泰国、马来西亚、越南、斯里兰卡、印度尼西亚以及大洋洲、非洲等。

雄

雄

52.梳灰翅夜蛾 *Spodoptera pecten* Guenée, 1853（江苏新纪录种）

鉴别特征：体长12～13mm，翅展25～26mm。雄虫触角淡褐色双栉齿状，雌虫触角暗褐色栉齿状。头、胸部褐色，腹部淡褐色。雌虫前翅灰褐色，前缘具黑色斑，各横线双线形，波状；翅中部具基向的环纹，稍外侧具内侧双线形的肾形纹；近端部具一列三角形黑斑列，外缘具一列黑色斑点。后翅白色，仅前缘淡褐色，外缘具黑斑列。雄虫色较深，斑纹与雌虫相似。

寄主：萝卜、百慕大草、稻。

分布：江苏（宜兴）、广东、台湾；朝鲜、日本、印度、缅甸、马来西亚、新加坡、印度尼西亚、菲律宾、新几内亚岛以及非洲。

雄

雄

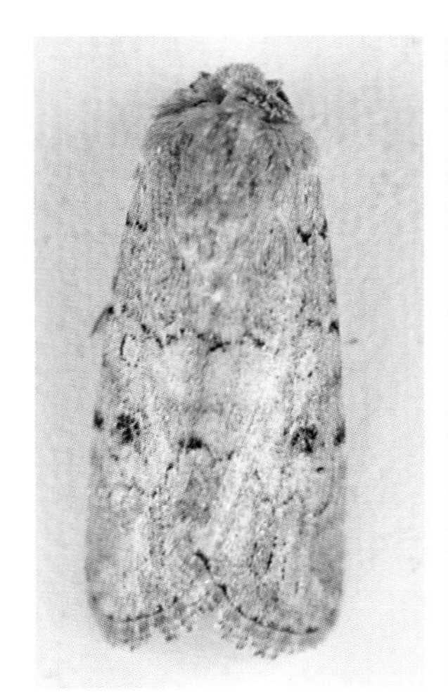

雌

雌

雌

雌

53.陌夜蛾 *Trachea atriplicis* (Linnaeus, 1758)

鉴别特征：体长19～21mm，翅展45mm。触角黑色线状。头、胸部黑褐色，具绿色鳞片，尤其翅基部、环纹基部、环纹肾形纹及臀区附近更显；环纹中央黑色，有绿环及黑边，肾形纹绿色，后内角有一三角形黑斑；环纹及肾形纹后侧方具一白色斜条。

寄主：酸模、蓼以及其他多种植物。

分布：江苏、黑龙江、北京、河北、河南、山东、上海、湖南、福建、江西；日本、朝鲜、韩国、俄罗斯、哈萨克斯坦、土耳其、奥地利、德国、法国以及高加索地区。

注：又名白戟铜翅夜蛾。

雄

雄

雌

雌

54.白斑陌夜蛾 *Trachea auriplena* (Walker, 1857)

鉴别特征：体长19mm，翅展45mm。触角褐色线状。头部及胸部黑褐色杂黄绿色，腹部淡褐灰色。前翅棕褐色带绿色；翅面中央具斜向白斑，白斑基侧具褐色圆点，外镶绿色环纹，白斑外侧具较大肾形纹，外镶绿色纹；亚端区色淡。后翅基半部黄白色，端半部暗褐色。

寄主：不详。

分布：江苏、江西、湖南、浙江、湖北、福建、四川、云南、台湾；日本、朝鲜、印度、斯里兰卡、泰国、越南、尼泊尔、巴基斯坦。

注：又名白斑铜翅夜蛾。

雌

雌

苔藓夜蛾亚科 Bryophilinae

55.小藓夜蛾 *Cryphia minutissima* (Draudt, 1950)（江苏新纪录种）

鉴别特征：体长9～11mm，翅展20～24mm。触角暗褐色线状。头、胸部浅褐色，腹部暗灰褐色。前翅浅褐色，翅面亚端部具强烈向外凸的双线形横线，下端与发自翅基部、通向后角的黑纵纹相连接，其余横线仅前端明显，后端终止于前述的黑纵纹；翅面中央隐约可见圆形的环状纹与较大而不规则的肾形纹；近端缘具黑色三角形组成的横线。后翅暗褐色。

寄主：不详。

分布：江苏（宜兴）、浙江、江西、湖南；朝鲜、韩国、日本。

雄　雄

雌　雌

裳夜蛾亚科 Catocalinae

56. 飞扬阿夜蛾 *Achaea janata* (Linnaeus, 1758)

鉴别特征：体长21～23mm，翅展51～54mm。触角黄褐色丝状。头、胸部黄褐色；腹部灰褐色。前翅浅灰褐色，基部1/3处具黑褐色双线形横线，其与翅基间的区域深褐色；近端部1/3处具2条近平行的横线，前段明显可辨，中段向外凸，并相向扩散成一模糊斑，后段也可明显区分；顶角之前区域赭色；翅面中央近前端具前后排列的2个小黑斑。后翅棕黑色，基部灰褐色，中部有一楔形白带，外缘有3个白斑，臀角有一白色窄纹。

寄主：蓖麻、木薯、飞扬草等；成虫吸食杧果、黄皮等果汁。

分布：江苏（宜兴）、江西、山东、湖北、湖南、云南、广东、广西、福建、西藏、香港、台湾；日本、朝鲜、韩国、印度、尼泊尔、缅甸、泰国、越南、印度尼西亚、菲律宾以及大洋洲、南太平洋诸岛。

注：又名蓖麻夜蛾。

雄　雄

雌　雌

57.苎麻夜蛾 *Arcte coerula* (Guenée, 1852)

鉴别特征：体长27～31mm，翅展64～75mm。触角黑褐色丝状。头、胸部深褐色，腹部深灰褐色。前翅顶角具近三角形褐色斑；近翅基处有波状横线，翅面中央与翅基部中间具一黑色小点状斑，翅面中央具一棕褐色斑，两斑外侧及内侧均具黑色锯齿状横线，外侧具断续的黑边，外缘具8个黑点的斑纹。后翅黑褐色，具青蓝色略带紫光的3条横带。

寄主：苎麻、黄麻、亚麻、大豆等。

分布：江苏、陕西、江西、河北、山东、浙江、湖北、湖南、福建、广东、海南、四川、云南、台湾；朝鲜、韩国、日本、印度、俄罗斯、斯里兰卡、印度尼西亚、尼泊尔以及南太平洋若干岛屿。

雄　　雄

58.斜线关夜蛾 *Artena dotata* (Fabricius, 1794)

鉴别特征：体长31 ~ 33mm，翅展61 ~ 68mm。触角丝状，黄褐色或红褐色。头、胸部棕色，腹部灰棕色。前翅棕色，翅面中央有二黑色圆斑，翅面中央与翅基部中间具一黑棕色点，两斑内侧具一外斜至后缘中部，并与翅基之间形成深褐色宽带纹的横线，外侧具微波浪形横线，直达臀角，内外侧线中间区域颜色稍淡。后翅黑棕色，中部具一蓝白弯带，外缘蓝白色，缘毛黄白色。

寄主：柑橘及其他果树；成虫吸食柑橘等果汁。

分布：江苏、陕西、河南、浙江、湖北、湖南、江西、福建、广东、四州、贵州、云南、香港、台湾；印度、缅甸、新加坡、朝鲜、日本、韩国、俄罗斯、菲律宾、印度尼西亚、越南、泰国、柬埔寨、斯里兰卡、尼泊尔、巴基斯坦。

注：又名肖毛翅夜蛾、橘肖毛翅夜蛾。

雄　　雄

雌

雌

雌

雌

59.霉巾夜蛾 *Bastilla maturata* (Walker, 1858)

鉴别特征：体长23～24mm，翅展45～56mm。触角黑褐色丝状。头部紫棕色，胸部背面暗棕色，腹部为暗灰褐色。前翅为紫灰色，翅近基部具一双线形横线，其与翅基之间暗褐色，内嵌仅前端明显的短横线；翅中部具一条较直的横线，其与双横线之间为淡褐色；近端部附近具前段外斜后段内斜的横线，与前述较直的横线之间形成一四边形深褐色区域；顶角有一棕黑斜纹。后翅暗褐色，端区带有紫灰色。

寄主：不详。

分布：江苏、陕西、甘肃、山东、河南、浙江、福建、江西、海南、四川、贵州、云南、香港、台湾；日本、朝鲜、韩国、印度、俄罗斯、越南、马来西亚、印度尼西亚、尼泊尔。

雄

雄

雄

雄

雄

雄

雌

60.肾巾夜蛾 *Bastilla praetermissa* (Warren, 1913)

鉴别特征：体长22～26mm，翅展51～59mm。触角暗褐色丝状。头部及胸部褐色；腹部暗灰褐色。前翅褐色；中部有白色外斜宽带，内嵌一黑点；顶角至后缘近端部具内斜的横线，其前端与前缘之间具一白色短纹。后翅暗褐色，中部有一前宽后窄的楔形白带，近臀角有白纹及一黑斑，端区色淡。

寄主：不详。

分布：江苏（宜兴）、陕西、浙江、湖南、福建、江西、云南、台湾；印度。

雄　雄

雌　雌

雌

雌

61. 鸱裳夜蛾 *Catocala patala* Felder et Rogenhofer, 1874

鉴别特征：体长33mm，翅展66mm。触角灰褐色丝状。头部与胸部黑褐色杂灰色及少许白色，腹部褐色。前翅黑色杂灰色及灰白色，近翅基部有外斜的横线，近外缘处有内斜的横线，两横线间还具其他黑色波浪形横线，翅中部横线与内侧的横线间有一灰白色带，翅的外缘有一列黑点，其外侧均衬白色。后翅黄色，具3条黑带。

寄主：藤；成虫吸食梨果汁。

分布：江苏（宜兴、南京）、陕西、黑龙江、宁夏、浙江、江西、福建；朝鲜、韩国、日本、印度。

雄

雄

62. 东北巾夜蛾 *Dysgonia mandschuriana* (Staudinger, 1892)（江苏新纪录种）

鉴别特征：体长21mm，翅展40mm。触角暗褐色丝状。体背面灰褐色。前翅灰褐色，翅中部附近及翅顶角分别具3个明显的黑斑，黑斑外缘具灰白色细线，而内侧色浅；基斑的外缘中部下方向外侧凸出呈弧形；中斑外缘中上部向外侧凸出；顶角处的黑斑较小，外缘稍切入；外缘常具黑色小点列，各黑点位于脉间。后翅灰褐色。

寄主：一叶萩。

分布：江苏（宜兴）、北京、山东、吉林；日本、朝鲜、俄罗斯。

雄　雄

雌　雌

63.雪耳夜蛾 *Ercheia niveostrigata* Warren, 1913

鉴别特征：体长18mm，翅展33～39mm。触角淡褐色丝状。头、胸部黑褐色，腹部褐色。前翅灰褐色，前缘具两条外斜的深褐色纹，顶角之前具一深褐色椭圆斑；基部至后角具一条黑色纵纹，并于近端部1/3处内嵌灰白色纵纹。后翅褐白色，中央附近具一褐色波状纹，端区一黑褐色宽带，波状纹与褐色宽带之间灰白色。

寄主：钝齿铁线莲。

分布：江苏、江西、陕西、甘肃、浙江、湖南、福建、四川、台湾；朝鲜、韩国、日本。

雄

雄

雄

雄

雌

64.阴耳夜蛾 *Ercheia umbrosa* Butler, 1881

鉴别特征：体长19～20mm，翅展43～46mm。触角深褐色丝状。头、胸部暗棕色，有些个体胸部两侧色较深，腹部棕色。前翅暗棕色，前缘中部具外斜的深色纹，顶角具两条黑色纵纹，后缘区色浅，基部至后角具间断的黑色纵纹，后角之前具灰白色闪电状斑纹。后翅棕色，中部附近具波状淡色纹，近端部具宽黑纹。有些个体色较深，前后翅黑褐色，翅面斑纹不甚清晰。

寄主：多花紫藤、合欢。

分布：江苏（宜兴、南京）、江西、广东、广西、海南、贵州、四川、香港、台湾；日本、朝鲜、韩国、印度、泰国、越南、印度尼西亚、尼泊尔。

雌

雌

65.目夜蛾 *Erebus ephesperis* (Hübner, 1827)

鉴别特征：体长30～33mm，翅展80～94mm。触角暗褐色丝状。头、胸部深褐色，后胸有白毛，腹部淡褐色至褐色。前翅褐色，基部的横线黑色外弯，内侧微白，翅中部具大型眼状纹，雄虫眼状纹外侧与赭色黑边的横线相连，下接略呈波状的横线，眼斑的外侧具一稍后斜的淡色带纹，其与顶角之间具一近三角形黑色斑，近顶角处具一新月形白斑，后角内侧散布几个不规则小黑斑；雌虫眼斑外侧围后斜至翅基的白色弧形纹，外侧具一条中部稍断裂的白色带纹，其与顶角之间具褐色三角形斑纹，顶角处具亚四边形斑，后角内侧散布数个闪电形白斑。后翅雄虫褐色，前缘近中部具一不规则形白斑，顶角具一亚四边形白斑，亚端部具数个蝌蚪形黑色斑，端缘锯齿状；雌虫基部白，外侧的横线深褐色，翅中央具白色弧形带，近顶角处具亚四边形白斑，亚端部具角状弯曲的白色斑。

寄主：不详。

分布：江苏、浙江、湖北、湖南、福建、江西、广东、海南、广西、四川、云南、台湾；韩国、日本、泰国、越南、印度、缅甸、斯里兰卡、印度尼西亚、新加坡、马来西亚、尼泊尔。

注：又名魔目夜蛾、玉钳魔目夜蛾。

雌　雌

雌　雌

66.象夜蛾 *Grammodes geometrica* (Fabricius, 1775)

鉴别特征：体长17～20mm，翅展36～39mm。触角线状，黄褐色或暗褐色。体深褐色，雄虫色淡，雌虫色深。前翅基部与前缘褐色，中部具一黄色带，内侧有近三角形内斜斑，外侧一斜长方形黑色斑，其外侧具赭色带状斑与黑色齿状纹，顶角具黑色双齿形斑。后翅灰褐色，中央具白色带纹，端部黑色。

寄主：石榴、悬钩子、马林果以及柑橘类等。

分布：江苏（宜兴）、山东、河南、湖北、湖南、福建、海南、四川、云南、台湾；印度、缅甸、斯里兰卡、印度尼西亚、新加坡以及亚洲西部、欧洲、非洲、大洋洲。

注：又名中带三角夜蛾。

雌

雌

雌

雌

67.变色夜蛾 *Hypopyra vespertilio* (Fabricius, 1787)

鉴别特征：体长27～30mm，翅展54～68mm。触角线状，灰褐色或黄褐色。体黄褐色，胸部与前翅浅灰褐色，腹部黄褐色；反面灰褐色至红褐色。前翅顶角尖突，前缘具向后发散的黑斑，翅中央具向基部稍凹入的肾形斑，有些个体该斑断裂为上下两半，其下方具3个黑斑排成直线形，以及一条双线形深褐色内斜横线，顶角隐约可见一内斜淡纹，延伸至前述的双线形横线的上端外侧；端缘具隐约可见的横线。后翅灰褐色，基部外侧具深褐色横线，外侧散布数个小黑点，端部深褐色，后缘褐色黄褐色。

寄主：藤、楹树。

分布：江苏、山东、广东、浙江、福建、江西、云南、海南、台湾；朝鲜、韩国、日本、印度、缅甸、印度尼西亚、越南、柬埔寨、斯里兰卡、尼泊尔。

雄　　雄

雄　　雄

68.懈毛胫夜蛾 *Mocis annetta* (Butler, 1878)

鉴别特征：体长16mm，翅展34mm。触角暗褐色线状。头、胸部及前翅红褐色，腹部暗褐灰色。前翅红褐色，各横线深棕色，基部的短，位于翅肩处，其外侧为窄深红褐色带，翅中央横线强烈波状，亚端部的横线略呈波状，外侧具数个放射状黑色纵纹，端部横线波状；翅面中央对前大后小两个近圆斑连成的肾形纹。后翅浅褐色，基部色浅，各横线褐色。

寄主：大豆。

分布：江苏、山东、浙江、湖北、湖南、福建、四川；日本、朝鲜。

雌　　雌

69.毛胫夜蛾 *Mocis undata* (Fabricius, 1775)

鉴别特征：体长16～24mm，翅展34～50mm。触角灰褐色线状。头、胸部及腹部灰褐色。前翅紫灰褐色，最基部的横线灰黑色短，不达翅后缘，其外侧具外斜棕色窄带，其外缘波浪形，后端内侧有一黑色小斑，近端部附近具前宽后窄的三角形棕色带，内嵌波状的深褐色纹，其与基部棕色窄带间杂两条波状的横线；端缘内侧各脉间有黑点，端横线黑色。后翅颜色暗褐黄色，顶角与外缘中央深褐色，可见两条隐约的淡色横线。

寄主：鱼藤以及山马蝗属；成虫吸食柑橘等果汁。

分布：江苏、河北、山东、河南、浙江、湖南、江西、福建、广东、贵州、云南、香港、台湾；日本、朝鲜、韩国、印度、俄罗斯、斯里兰卡、缅甸、新加坡、菲律宾、印度尼西亚、越南、尼泊尔、孟加拉国、巴布亚新几内亚、斐济、澳大利亚以及非洲等。

注：又名鱼藤毛胫夜蛾。

雄　雄

雌　雌

雌

雌

70.磅羽胫夜蛾 *Olulis puncticinctalis* Walker, 1863（江苏新纪录种）

鉴别特征：体长8mm，翅展25mm。体黄褐色，头、胸部黄褐色，腹部褐色。前翅黄褐色，散布红褐色斑点，前缘具一排黑斑，翅中部具一外斜的深褐色带纹，亚端部附近具不规则深色纵纹，外缘中部稍向外突出，具一列黑斑排成弧形。后翅黄褐色，端部具一黑斑列。

寄主：不详。

分布：江苏（宜兴）、广东、台湾；日本、印度以及中南半岛、巽他大陆。

注：又名点斑羽胫裳蛾。

雄

雄

71.赘夜蛾 *Ophisma gravata* Guenée, 1852

鉴别特征：体长25mm，翅展54mm。触角灰褐色线状。头部褐黄色，胸部背面赭黄色，腹部淡褐黄色带灰色，腹面端部带赤褐色。前翅淡褐黄色，布有棕色细小点，隐约可见两条褐色横线，内侧的细而清晰，外侧的粗而模糊；顶角尖锐。后翅淡褐色，亚端区有一黑棕色宽带，后方稍缩窄。

寄主：疏蓼。

分布：江苏、浙江、湖南、江西、福建、海南、云南、广东、海南、香港；日本、印度、缅甸、马来西亚、新加坡、澳大利亚以及新几内亚岛。

注：又名赘巾夜蛾、巾夜蛾。

雌

雌

72.**安钮夜蛾** *Ophiusa tirhaca* (Cramer, 1777)

鉴别特征：体长29～31mm，翅展67～70mm。触角黑褐色线状。头部及胸部黄绿色，腹部黄色。前翅黄绿色，端区褐色，前缘近1/4处发出外斜并伸至后缘中部的褐色横线；前缘近端部1/3处具近三角形褐斑，下接一波状横线，内斜并伸达前述横线的后端；两线之间基部具一黑点，外侧为褐色肾形纹，其内缘直，外缘稍凹入。后翅黄色，端带具一黑色宽带，宽度有变异。

寄主：乳香、漆树；成虫吸食柑橘、黄皮、杧果等果汁。

分布：江苏、陕西、山东、浙江、湖北、江西、福建、广东、海南、广西、四川、贵州、云南、台湾；朝鲜、韩国、日本、越南、尼泊尔、印度、斯里兰卡、菲律宾、亚洲西部以及欧洲、非洲。

注：又名青安钮夜蛾。

雄

雄

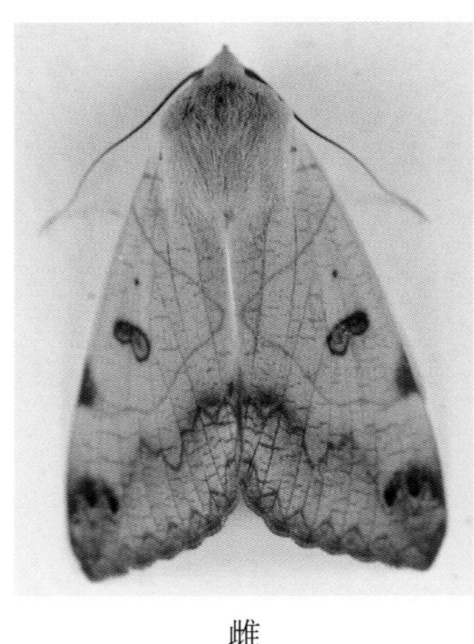
雌

雌

73.玫瑰条巾夜蛾 *Parallelia arctotaenia* (Guenée, 1852)

鉴别特征：体长20～21mm，翅展38～40mm。触角灰色线状。全体暗灰褐色。前翅具白色中带，其外侧的横线前半段白色外斜，后半段内斜，顶角具一黑色双齿斑。后翅灰褐色，具边缘不甚清晰的白色窄中带。

寄主：玫瑰。

分布：江苏、陕西、甘肃、河北、浙江、湖北、福建、江西、广东、广西、四川、贵州、云南、台湾；日本、朝鲜、印度、缅甸、斯里兰卡、孟加拉国、斐济。

注：又名玫瑰巾夜蛾、玫瑰织夜蛾。

雄

雌

74.小直巾夜蛾 *Parallelia dulcis* (Butler, 1878)

鉴别特征：体长12mm，翅展25mm。触角灰褐色线状。全体灰褐色。前翅灰色微带褐色，端区翅脉呈白色；基部的两横线较直，褐色衬白色，外部的横线前端外弯，后端内斜，外侧的两横线间黑褐色；顶角有二齿形黑棕斑，外缘有一列黑点。后翅褐色，外缘有一列黑点。

寄主：不详。

分布：江苏（宜兴、南京）、河北、湖北；日本、朝鲜。

雌

雌

75.石榴巾夜蛾 *Parallelia stuposa* (Fabricius, 1794)

鉴别特征：体长20～21mm，翅展43～45mm。触角黄褐色线状。头、胸部褐色，腹部灰褐色。前翅灰褐色，翅基部具外侧略呈弧形的深褐色斑，中部稍外侧具与基部同色的深褐色斑，该斑向外侧凸出呈角状；顶角具一近三角形黑斑，下方具一小黑斑。后翅暗棕色，端区褐灰色，有一白色中带。

寄主：石榴。

分布：江苏、陕西、甘肃、河北、山东、浙江、湖北、福建、江西、广东、海南、四川、云南、香港、台湾；日本、朝鲜、韩国、印度、斯里兰卡、菲律宾、印度尼西亚、柬埔寨、越南、尼泊尔。

注：又名石榴织夜蛾。

雄

雄

雌

雌

76.绕环夜蛾 *Spirama helicina* (Hübner, 1824)

鉴别特征：体长26～28mm，翅展63～68mm。触角深褐色线状。头、胸部深褐色，腹部背面具黑色横纹，两侧及腹末红褐色。前翅深褐色或灰褐色，中部具后方膨大旋曲肾形纹，顶端与一上半段呈半圆形、后半段内斜的横线相连，内侧与一斜向基部的深褐带毗连，外侧以一褐色纵纹与一上半段呈半圆形、后半段内斜至后缘中部的横线相连，近端缘处具两深褐色双线纹。后翅各横线波浪形。雄虫春型为浅色型[①]，同时翅的旋目不明显。

寄主：不详。

分布：江苏、陕西、甘肃、江西、山东、辽宁、北京、河北、浙江、福建、湖北、广东、四川、云南、台湾；韩国、朝鲜、日本、缅甸、马来西亚、印度、斯里兰卡、尼泊尔。

雄（春型）

雄（春型）

① 春型和夏型都具有浅色型和深色型个体。

雄（春型）

雌（夏型）

雌（夏型）

雌（夏型）

77.环夜蛾 *Spirama retorta* (Clerck, 1764)

鉴别特征：体长23～25mm，翅展53～66mm。触角线状，灰褐色或黑褐色。体色及翅面斑纹多有变化，但腹部及腹端赭红色。深色型①头、胸部及前后翅黑棕色，前翅各横线黑色，翅中部具向基部弧形凹入的肾形纹，外侧具一个黑斑，隐约可见数条横线，后翅具由数条横线划分成的深色斑块；浅色型①个体隐约可见4条横线，第1～2条横线间具弧形弯曲的肾形纹，少数个体肾形纹退化为小黑点，而有些个体呈螺旋状，后翅深褐色，具数条横线，有些个体横线明显，有些则模糊。

寄主：合欢。

分布：江苏、陕西、甘肃、辽宁、山东、河南、浙江、湖北、福建、江西、广东、海南、广西、四川、云南、台湾；日本、朝鲜、韩国、印度、缅甸、斯里兰卡、马来西亚、菲律宾、越南、柬埔寨、孟加拉国、尼泊尔。

注：又名旋目夜蛾。

---

① 春型和夏型都具有浅色型和深色型个体。

雄（春型） 雄（春型）

雄（春型） 雄（春型）

雌（春型） 雌（春型）

雌（夏型） 雄（夏型）

78.白戚夜蛾 *Stenbergmania albomaculalis* (Bremer, 1864)（江苏新纪录种）

鉴别特征：体长9mm，翅展22mm。触角灰黄色线状。头部深褐色，下唇须长，暗褐色，胸部背面黄褐色，具一条深褐色纵纹；腹部背面深褐色。前翅近基部1/3与近端部1/3处各具一条清晰的横线，两横线于翅前缘分开较广，后缘相互接近，其间具椭圆形的环纹及具黑边的肾形纹；翅端近1/3深褐色，内具双峰形横线。后翅灰褐色，横线黑色。

寄主：麻栎。

分布：江苏（宜兴）、黑龙江、吉林；日本、朝鲜、韩国、俄罗斯东南部。

注：据韩辉林等（2020）*The Catalogue of the Noctuoidea in the Three Province of Northeast China I: Families Erebidae*（*part*）, *Euteliidae*, *Nolidae and Noctuidae*对分布进行了补充。

雌

雌

79.庸肖毛翅夜蛾 *Thyas juno* (Dalman, 1823)

鉴别特征：体长37～40mm，翅展85～95mm。触角黄褐色线状。头、胸部深褐色，腹部背面灰褐色，两侧及腹末赭红色。前翅褐色至灰褐色，布满黑点，具4条横线，最基部的1条短，约为翅基部宽度的1/2，中间的2条前端分开广，后端相互接近，内具基向的黑点与外向的肾形纹，最外侧的横线内斜且呈弧形。后翅赭红色，翅中后部具大黑斑，内有粉蓝色钩形斑。

寄主：桦、李、木槿。

分布：江苏、陕西、黑龙江、辽宁、河北、山东、河南、安徽、浙江、湖北、湖南、福建、江西、海南、四川、贵州、云南、香港、台湾；韩国、朝鲜、日本、印度、越南、俄罗斯、菲律宾、印度尼西亚、马来西亚、尼泊尔。

注：又名肖毛翅夜蛾、毛翅夜蛾，而肖毛翅夜蛾同时又曾作为斜线关夜蛾的别名，注意区分。

雌

雌

80.木叶夜蛾 *Xylohylla punctifascia* Leech, 1900

鉴别特征：体长38～40mm，翅展101～113mm。触角深褐色线状。头、胸部褐色，腹部灰褐色。前翅灰褐色布有黑点，翅中部具3个相连的小白斑，斑外黑点密而粗，各横线褐色，均由翅前缘外斜翅中轴附近后折向内斜，顶角尖锐。后翅灰褐色，具一列黄圆斑组成的带纹，带纹周围黑褐色。

寄主：不详。

分布：江苏（宜兴）、江西、浙江、湖北、四川、云南；泰国。

注：又名斑木叶夜蛾。

雄　雄

雌　雌

丽夜蛾亚科 Chloephorinae

81.鼎点钻夜蛾 *Earias cupreoviridis* (Walker, 1862)

鉴别特征：体长9～10mm，翅展20～23mm。触角红褐色线状。头、胸部青白色或青黄色；触角褐色；腹部白色间有褐色。前翅大部绿色或黄绿色；前缘从基部至中部为红褐色，后部为橘黄色；外缘有2条波状纹，外纹暗褐色而宽，内纹橙黄色；中央附近黄褐色，上有2个深褐色小点，与前缘附近的褐色小点呈鼎足分布。后翅三角形，银白色。

寄主：蜀葵、冬苋菜、锦葵、白麻、木槿、向日葵、芙蓉、苘麻、蒲公英、玄参、木棉等。

分布：江苏（宜兴、南京）、陕西、甘肃、浙江、湖北、湖南、四川、云南、西藏；朝鲜、日本、印度、斯里兰卡以及非洲。

注：又名鼎点金刚钻。

雄　　雄

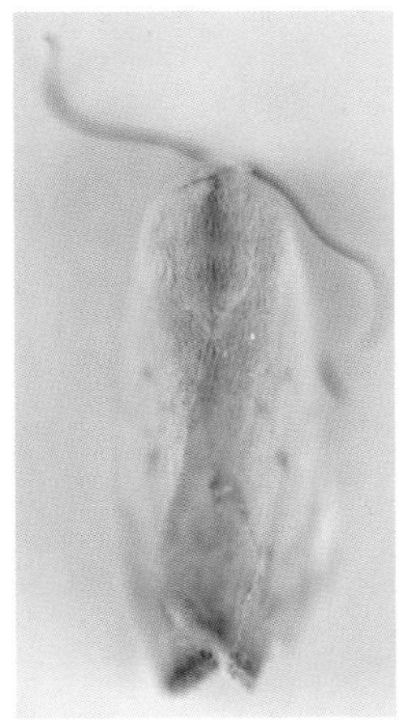

雌　　雌

82.粉缘钻夜蛾 *Earias pudicana* Staudinger, 1887

鉴别特征：体长6～9mm，翅展15～20mm。触角深褐色线状。头、胸部粉绿色，或中后胸粉红色。前翅黄绿色，前缘从基部到2/3处具一粉白色条纹，翅中部具褐色圆点，有时该褐色圆点不明显，翅外缘缘毛褐色。后翅白色。

寄主：柳、杨树。

分布：江苏、江西、河北、山西、宁夏、河南、山东、浙江、湖北、湖南以及东北地区；日本、朝鲜、俄罗斯、印度。

注：又名一点钻夜蛾。

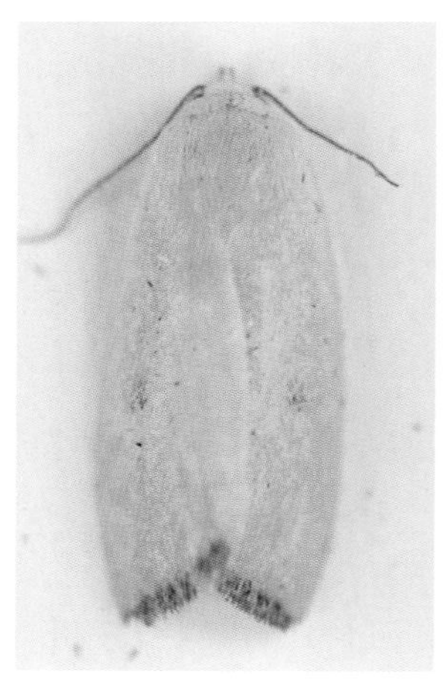

雌

雌

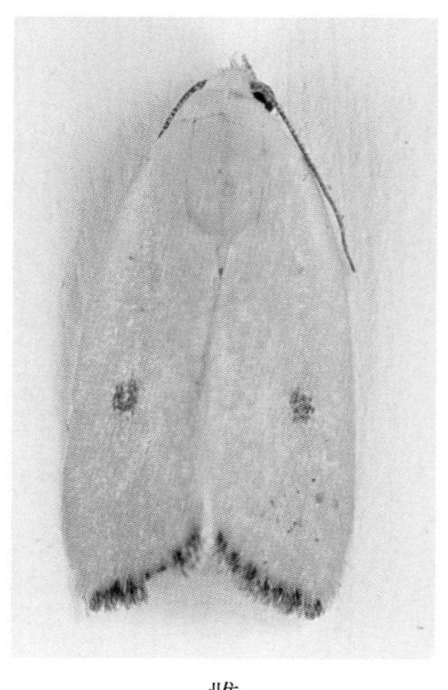

雌

雌

83.玫缘钻夜蛾 *Earias roseifera* Butler, 1881

鉴别特征：体长8～10mm，翅展19～25mm。触角红褐色线状。头、胸部黄绿色；触角褐色。前翅黄绿色，翅中央具或大或小的玫瑰红色，有时该斑甚至消失，外缘及缘毛褐色或黄绿色。后翅淡褐色。

寄主：杜鹃。

分布：江苏、江西、北京、黑龙江、河北、山东、湖北、四川、台湾；日本、俄罗斯、印度。

注：又名玫斑金钢钻、玫瑰钻夜蛾、玫斑钻夜蛾。

雌

雌

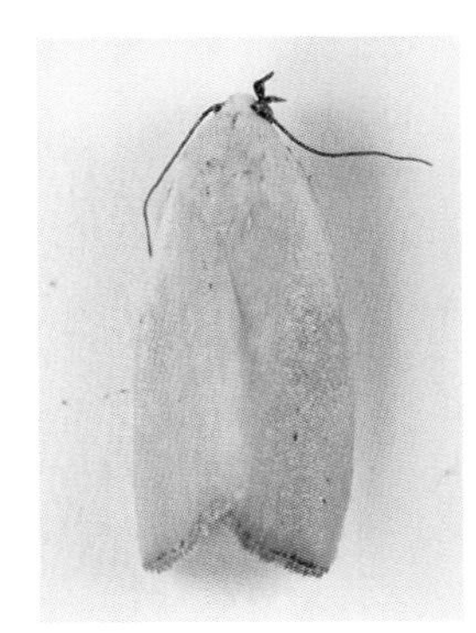

雌

雌

84. 银斑砌石夜蛾 *Gabala argentata* Butler, 1878

鉴别特征：体长11～12mm，翅展26～30mm。触角淡黄色线状。头部与胸部白色杂以赤褐色。腹部背面白色杂以赤褐色。前翅赤褐色，基部、前缘端半部、后角上方具镶赤褐边的银白斑，其余部分赤褐色。后翅白色，端缘具褐色带。

寄主：盐肤木。

分布：江苏、湖北、湖南、浙江、江西、广东、西藏、海南、台湾；韩国、朝鲜、日本、印度、缅甸、越南、泰国。

注：又名砌石夜蛾。

雌

雌

85. 霜夜蛾 *Gelastocera exusta* Butler, 1877（江苏新纪录种）

鉴别特征：体长11～13mm，翅展25～28mm。雄虫触角深褐色双栉齿状，雌虫触角淡褐色线状。体黄褐色至红褐色；触角褐色；头部深褐色；胸部背面褐色；腹部淡褐色。前翅褐色至红褐色，前缘向后具宽窄不一的带纹，较短，不达翅后缘，或收窄变淡，或断裂，翅端具波状横线。后翅灰褐色。

寄主：多花紫藤、胡桃楸、千金榆、裂叶榆、椴树。

分布：江苏（宜兴）、江西、湖南、湖北、海南、四川、西藏、台湾；日本、朝鲜、韩国、俄罗斯。

雄

雄

雌

雌

86.太平粉翠夜蛾 *Hylophilodes tsukusensis* Nagano, 1918（江苏新纪录种）

鉴别特征：体长12～15mm，翅展23～34mm。触角红褐色线状。头部黄绿色，胸部绿色，腹部白色。前翅黄绿色，前缘赤褐色，翅面中部有2条明显的横线，镶白边，外缘赤褐色。后翅前缘银白色，后缘橙黄色，其余部分绿色，端缘黄褐色。

寄主：日本石柯。

分布：江苏（宜兴）、江西、浙江、台湾；日本、泰国、老挝。

雄

雄

雌

雌

87.土夜蛾 *Macrochthonia fervens* Bulter, 1881

鉴别特征：体长10～15mm，翅展27～35mm。雄虫触角褐色栉齿状，雌虫触角黄褐色线状。头部与胸部红褐色；腹部白色，背面带褐色。前翅红褐色微带紫色，并布有暗褐细小点，具3条明显的深褐色横线，最基部的一条向外侧呈弧形凸出，中间的一条在中部附近呈"之"字形弯曲，外侧的一条近前缘处弯曲成直角。后翅黄白色，端缘色稍深。

寄主：春榆、榉树。

分布：江苏、黑龙江、浙江、湖北、江西、台湾；朝鲜、韩国、日本、俄罗斯。

雄
雄
雄
雄
雌
雌

88.康纳夜蛾 *Narangodes confluens* Sugi, 1990（江苏新纪录种）

鉴别特征：体长12～13mm，翅展24～25mm。触角黑褐色线状。头、胸部深紫红色，腹部深褐色。前翅紫红色，散布3条白色纵条纹，顶角处另具1条短的白色斜纹，缘毛黑色。后翅淡褐色。

寄主：不详。

分布：江苏（宜兴）、香港、台湾以及华南地区。

注：又名锯纹纳夜蛾。

雄

雄

雌

雌

89.华鸮夜蛾*Negeta noloides* Draudt, 1950（江苏新纪录种）

鉴别特征：体长10～11mm，翅展20～25mm。触角黑褐色线状。头、胸部灰褐色，腹部黄褐色。前翅黄褐色，前缘色稍深，近端部1/3处具一不规则黑色斑。后翅黄褐色，端缘色稍深。深色个体翅前缘基部1/3处具一小黑斑。

寄主：不详。

分布：江苏（宜兴）、江西、浙江、湖南。

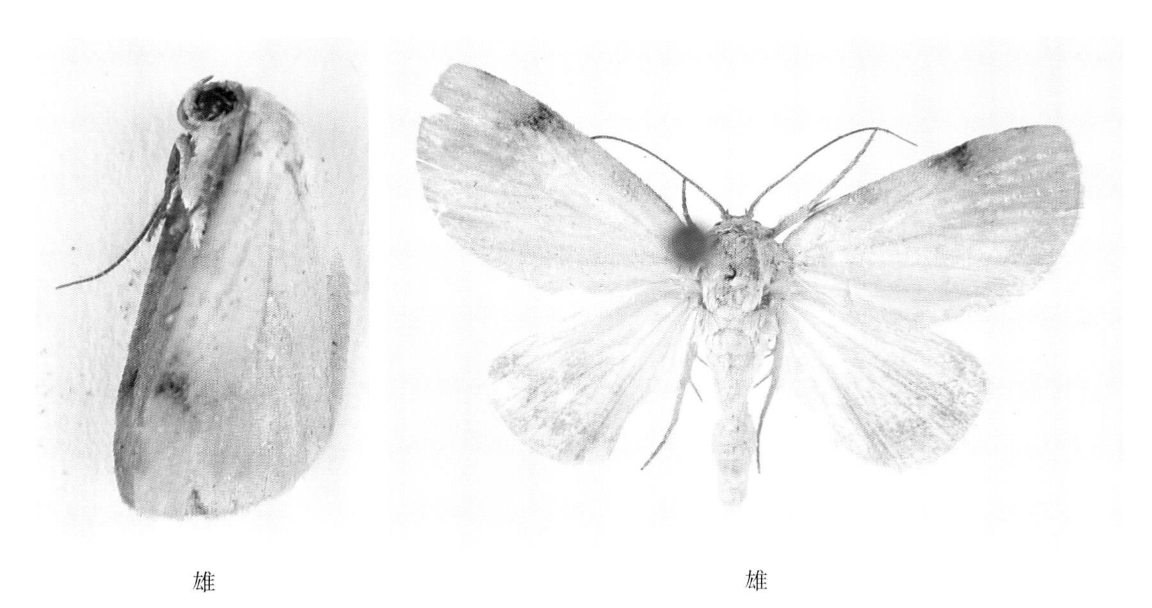

雄　　雄

雌

雌

雌

90.饰夜蛾 *Pseudoips prasinanus* (Linnaeus, 1758)

鉴别特征：体长10～16mm，翅展32～38mm。触角红色线状。头、胸部灰绿色；腹部黄白衬绿色。前翅黄绿色，具3条端部内斜的横线，第1、2条横线绿色外镶白边，有时雌虫第2条横线不明显，第3条横线白色。后翅白色，基部微带黄色。

寄主：栎树、山毛榉等阔叶树。

分布：江苏（宜兴）、辽宁、黑龙江；欧洲、亚洲。

雄

雄

雌

雌

91.希饰夜蛾 *Pseudoips sylpha* (Butler, 1879)

鉴别特征：体长16mm，翅展36mm。触角黄褐色线状。头部与胸部黄绿色杂少许白色；足白色，外侧桃红色；腹部黄绿色。前翅黄绿色，前缘与后缘桃红色，翅面有4条白色宽带。后翅白色，顶角处有两黄绿色纵带。

寄主：栎。

分布：江苏、黑龙江、湖北；日本、俄罗斯东南部。

雌

雌

92.内黄血斑夜蛾 *Siglophora sanguinolenta* (Moore, 1888)（江苏新纪录种）

鉴别特征：体长10mm，翅展22 mm。触角黄色线状。头、胸部黄色有红斑。腹部白色，背面暗褐色。前翅内半黄色，外半赤褐色，基部有多条血红斜线及斑纹，翅外半前缘区有半圆形黄区，其中有血红色点纹；亚端区一隐约的血红线。后翅内半及前院区白色，其余暗灰褐色。

寄主：不详。

分布：江苏（宜兴）、湖南、浙江、广西、四川、西藏；印度。

雄

雄

93.胡桃豹夜蛾 *Sinna extrema* (Walker, 1854)

鉴别特征：体长11 ~ 14mm，翅展29 ~ 31mm。触角线状，灰褐色或暗褐色。头部白色；胸部白色，具黄色斜条纹；腹部白色，雄虫末两节具成对黑斑，雌虫后方各节具成对的黄褐色斑。前翅白色，具橘黄色斑纹，翅外缘具5个黑斑，顶角内侧具2个黑斑；有时橘黄色斑消退，全体呈白色。后翅白色。

寄主：核桃、山核桃、水胡桃、青钱柳等。

分布：江苏、陕西、河南、北京、黑龙江、吉林、河北、浙江、江西、福建、湖北、四川；日本、朝鲜。

雄

雄

雌

雌

94.椭圆俊夜蛾 *Westermannia elliptica* Bryk, 1913（江苏新纪录种）

鉴别特征：体长12～14mm，翅展28～31mm。触角灰黄色线状。体褐色至红褐色；头、胸部褐色至黄褐色或红褐色；腹部褐色；有些个体体色较深。前翅红褐色至深褐色，但后缘淡色，翅面中央具一个椭圆形深褐色斑，有时该斑为一条白线分隔成上下两块，上面的一块有时会被横线划分出外侧较小的部分；该椭圆形斑与翅端的宽褐色带之间色淡，并具一条弧形弯曲的白横线。后翅褐色，端部深褐色。

寄主：不详。

分布：江苏（宜兴）、台湾；马来西亚、印度尼西亚。

注：中文名根据种名新拟。

雄

雄

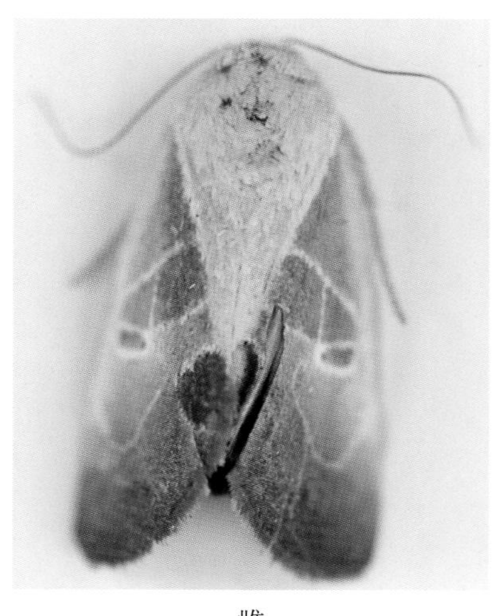

雌

雌

冬夜蛾亚科 Cuculliinae

95.合丝冬夜蛾 *Maxiana sericea* (Draudt, 1950)（江苏新纪录种）

鉴别特征：体长12mm，翅展27mm。触角灰褐色线状。头、胸、腹部及前翅白色。前翅基部具中间断裂的黑色宽横带，前缘中部具四边形黑色斑，其下方与后缘间具不规则黑色斑，前缘顶角之前具三角形黑色斑，下连波状的横线。后翅淡褐色。

寄主：不详。

分布：江苏（宜兴）、浙江、湖南、福建、陕西。

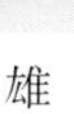

雄

雄

雄

96.樱毛眼夜蛾 *Mniotype satura* (Denis et Schiffermüller, 1775)（江苏新纪录种）

鉴别特征：体长19～20mm，翅展42～46mm。触角暗褐色线状。头、胸部黑褐杂黑色，腹部暗褐色。前翅浅褐色杂黑色，前缘具浅色短棒状纹，前缘中部稍后具椭圆形的浅色斑，以及略呈肾形的浅色斑，两斑的后方具一较大黑色纵纹，其基部亦具一条黑色纵纹；翅面中部及端部横线由三角形黑斑组成。后翅暗褐色，前缘基部2/3处色淡。

寄主：葎草以及忍冬属。

分布：江苏（宜兴）、黑龙江、新疆；朝鲜以及欧洲。

雄

雄

97.温冬夜蛾 *Sugitania lepida* (Butler, 1879)（江苏新纪录种）

鉴别特征：体长13～16mm，翅展35～36mm。触角黑褐色线状。头部与胸部褐色至黑褐色，腹部深褐色。前翅褐色，中部附近具黑色双峰状斑纹，并延伸至翅基部，近翅端具较近弱的横线。后翅褐色至深褐色。

寄主：不详。

分布：江苏（宜兴）、福建；日本。

雄　　雄

雌　　雌

98.尖遥冬夜蛾 *Telorta acuminata* (Butler, 1878)

鉴别特征：体长16mm，翅展40mm。触角黄色线状。头、胸部褐色杂灰色，腹部暗黄色带褐色。前翅顶角外突，外缘锯齿形，翅黄褐色带红褐色，中区具2条前端分开甚广，渐向后端收敛的浅色横线，两横线间色淡，具2个深褐色斑纹，翅顶角前区色深。后翅黄色。

寄主：不详。

分布：江苏、浙江、湖南以及东北地区；日本。

雄

雄

99.遥冬夜蛾 *Telorta divergens* (Butler, 1879)（江苏新纪录种）

鉴别特征：体长16～17mm，翅展40～43mm。触角黄褐色线状。头、胸、腹部及前翅褐色，前翅色稍浅，密布深棕色细小点，各横线棕色，翅中区2条横线前端分开广，后端相互接近，两横线间具一环形纹与一肾形环纹，端缘具波状线纹。后翅浅黑褐色。

寄主：不详。

分布：江苏（宜兴）、湖南、浙江、西藏以及东北地区；日本。

雄

雄

雄

雄

尾夜蛾亚科 Euteliinae

100.钩尾夜蛾 *Eutelia hamulatrix* Draudt, 1950

鉴别特征：体长13mm，翅展28～31mm。雄虫触角红褐色双栉齿状，雌虫触角黑色线状。头、胸部与腹部后1/3段淡褐色，腹部前2/3深褐色。前翅灰棕色至灰褐色，翅中部具灰白色而黑边的肾形纹，内嵌褐纹，肾形纹基向为淡色圆形的环状纹；横线双线黑色，波形，肾形纹外侧的横线双线黑色，在中部外突呈二齿状，其与外缘之间具淡色与深色相嵌的斑纹。后翅灰褐色。

寄主：臭椿。

分布：江苏（宜兴）、北京、陕西、甘肃、青海、河南、安徽、浙江、湖北、四川、台湾；朝鲜。

雄

雄

雌

雌

雌

雌

盗夜蛾亚科 Hadeninae

101.白点黏夜蛾 *Leucania loreyi* (Duponchel, 1827)

鉴别特征：体长14mm，翅展35mm。触角淡褐色线状。体褐色，头、胸部深灰褐色，腹部褐色。前翅深褐色，沿中轴具一条黑色纵纹，自顶角具一条通往翅后缘的斜纹，斜纹后端呈散点状；翅脉间嵌黑纹。后翅灰白色，前缘色稍深，雄虫外缘具一列黑斑。

寄主：稻、玉米、高粱以及甘蔗属。

分布：江西、黑龙江、吉林、台湾以及华中地区、华东地区、华南地区；日本、朝鲜、韩国、越南、斯里兰卡、孟加拉国、尼泊尔、巴基斯坦、印度、缅甸、菲律宾、印度尼西亚以及地中海东部与南部区域、大洋洲、欧洲、非洲。

注：又名劳氏黏虫。

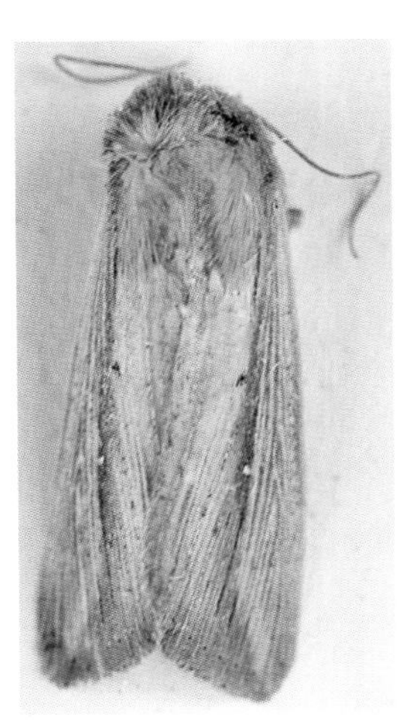
雄

雄

102.黄褐秘夜蛾 *Mythimna bani* (Sugi, 1977)（江苏新纪录种）

鉴别特征：体长21～22mm，翅展43～46mm。触角灰褐色线状。头、胸、腹部与前翅褐色。前翅宽，翅面散布密集细黑点，横线不明显。后翅基部褐色，端部黑褐色。

寄主：不详。

分布：江苏（宜兴）、上海、台湾；日本、朝鲜。

注：又名番秘夜蛾、黄褐研夜蛾。

雄

雄

雄

雄

103.异纹秘夜蛾 *Mythimna iodochra* (Sugi, 1982)（江苏新纪录种）

鉴别特征：体长12mm，翅展26mm。触角暗褐色线状。体褐色。头部深褐色，胸部深褐色，腹部黄褐色。前翅橙褐色，翅面中央具椭圆形白斑，嵌于一黑色纵条纹内；基部1/3具波状横线，近端部1/3处具外向弯曲的黑色横线；翅缘具一列黑点。后翅褐色。

寄主：多花黑麦草。

分布：江苏（宜兴）、辽宁；日本、朝鲜、韩国。

雄

雄

104. 柔研夜蛾 *Mythimna placida* Butler, 1878

鉴别特征：体长21mm，翅展44mm。触角深褐色线状。体黄褐色，头部淡黄褐色，胸部褐色，腹部深褐色。前翅黄褐色，散布细密小黑点；各横线不明显，为一系列较大的黑点组成不连续的断纹；中部附近具一淡黄色肾形纹，该纹内嵌上下排列的两个小黑点。后翅深褐色，基部及前缘部分色淡，外缘处近呈黑色。

寄主：不详。

分布：江苏、浙江、湖北、广西、海南、四川；日本、朝鲜、韩国。

雄

雄

105. 黏虫 *Mythimna separata* (Walker, 1865)

鉴别特征：体长15～18mm，翅展35～40mm。触角灰褐色线状。头部及胸部灰褐色，腹部暗褐色。前翅灰黄褐色、黄色或橙色，变化较多，各横线通常由小黑点组成，具一黄色环纹及一黄色肾形纹，肾形纹后端有一白点。后翅暗褐色，向基部渐浅。

寄主：麦、粟、稷、高粱、玉米、稻等。

分布：全国各地（除新疆、西藏外）；朝鲜、韩国、日本、俄罗斯、印度尼西亚、菲律宾、印度、尼泊尔、巴基斯坦、阿富汗、澳大利亚、新西兰。

注：又名东方黏虫。

雌

雌

106. 秘夜蛾 *Mythimna turca* (Linnaeus, 1761)

鉴别特征：体长19～20mm；翅展45～47mm。触角灰黄褐色线状。头部红褐色，胸部红褐色带浅紫色，腹部黄褐色。前翅红褐色，密布暗褐细纹，翅面中央具一斜窄黑色肾形斑，其下端具一白点，该斑内外侧均具黑色波曲状横纹。后翅红褐色，近外缘区灰黑色。

雄

雄

寄主：不详。

分布：江苏（宜兴、南京）、陕西、甘肃、北京、山东、湖南、湖北、江西、四川以及东北地区；朝鲜、韩国、日本、蒙古以及中亚、欧洲、高加索地区。

注：又名光腹夜蛾、宏秘夜蛾。

雄

107.黄灰梦尼夜蛾 *Perigrapha munda* (Denis et Schiffermüller, 1775)（江苏新纪录种）

鉴别特征：体长18mm，翅展40mm。雄虫触角红褐色双栉齿状。头、胸部浅褐色；腹部深褐色。前翅浅黄褐色，基部的横线隐约可见，褐色，波浪形，中部的环纹、肾形纹均较大，褐灰色，亚端的横线浅黄色，其内侧中部具2个黑点，翅顶角附近具小黑点。后翅黄褐色。

寄主：栎、榆、杨、李、柳等。

分布：江苏（宜兴）、黑龙江、内蒙古、台湾；日本、朝鲜、韩国以及欧洲。

雄

雄

108.尺圆夜蛾 *Protoseudyra picta* (Hampson, 1894)（江苏新纪录种）

鉴别特征：体长11mm，翅展26mm。触角双栉齿状，栉齿很短，触角干黄色，栉齿灰白色。头、胸部灰白色，腹部深褐色，各节末具白色鳞片带。前翅褐色，中部具一大型四边形黑褐色斑，前部稍宽，后方略窄，其外侧与翅外缘之间略带红色，顶角处深红色。后翅灰褐色，中部具一大黑斑，外侧具不规则宽带。

寄主：不详。

分布：江苏（宜兴）、广东、海南；泰国、越南、印度北部。

雌　　雌

109.红棕灰夜蛾 *Sarcopolia illoba* (Bulter, 1878)

鉴别特征：体长17～21mm，翅展38～48mm。触角黄色线状。头、胸、背部深褐色，腹部褐色。前翅红褐色至暗褐色，各横线呈双线状，灰褐色或黑色，线间色浅，灰白或灰褐色，翅中部具明显的环纹和肾形纹。后翅灰褐色，前缘色稍浅，向端

雄　　雄

缘色渐加深。

寄主：大豆、葱、胡萝卜、棉、苜蓿、牛蒡、紫苏、紫缕、虎杖、酸模、藜、甜菜等。

分布：江苏、北京、陕西、宁夏、甘肃、河北、河南、山东、安徽、浙江、江西、福建、湖北、湖南、台湾以及东北地区；日本、朝鲜、俄罗斯、印度、尼泊尔。

注：又名萨珂夜蛾。

110.糜夜蛾 *Senta flammea* (Curtis, 1828)（江苏新纪录种）

鉴别特征：体长14mm，翅展35mm。触角灰黄色线状。头、胸部浅灰黄色，腹部灰黄色。前翅浅黄色微带灰色，翅后半部有细黑褐点，一黑褐纵纹沿翅基部直达外缘，并在近外缘区稍扩大，翅脉白色衬以褐色，各脉间另有褐色纵纹，近外缘具一列黑点。后翅黄白色，外缘具一列黑点。

寄主：稻、芦苇。

分布：江苏（宜兴）、海南；日本、巴布亚新几内亚以及欧洲。

雌

雌

111.金掌夜蛾 *Tiracola aureata* Holloway, 1989（江苏新纪录种）

鉴别特征：体长25～26mm，翅展50～56mm。触角暗褐色线状。头、胸部褐色，腹部深褐色。前翅褐色，前缘中部具一三角形黑斑，其下方连接一较粗的黑色横线；基部的横线波状，三角形斑外则的横线由黑点组成，端缘具一列黑点；翅顶角下方具一深褐色斑，与下方的浅色横线相连。后翅淡褐色。

寄主：不详。

分布：江苏（宜兴）、江西、山东、西藏、台湾；韩国、日本、老挝、越南、菲律宾、印度尼西亚、马来西亚、巴布亚新几内亚、印度、尼泊尔。

雄　雄

雄　雄

雌　雌

实夜蛾亚科 Heliothinae

112.棉铃虫 *Helicoverpa armigera* (Hübner, 1808)

鉴别特征：体长15～18mm，翅展31～37mm。触角线状，黄褐色或暗褐色。头、胸部褐色，腹部淡黄色到黄褐色；前翅淡红色或淡青灰色，线纹均黑褐色。翅中部具典型环状纹与肾形纹，后者的外侧为褐色宽横带，端区各脉间具黑点。后翅灰白色，端区具一褐色宽带。

寄主：棉、枣、苹果、辣椒、小麦、烟草、番茄等。

分布：全国各地；朝鲜、韩国、日本、印度、澳大利亚、新西兰以及东南亚、中亚、欧洲、高加索地区、地中海东部与南部区域。

雄

雄

雌

雌

113. 烟青虫 *Helicoverpa assulta* (Guenée, 1852)

鉴别特征：体长16mm，翅展30mm。触角黄褐色线状。头、胸部黄褐色，腹部浅褐黄色。前翅黄褐色，横线黑褐色，环、肾形纹褐边。后翅浅黄褐色，端带黑色，内侧有一黑细线。

寄主：烟草、棉、麻、玉米、高粱、番茄、辣椒、南瓜等。

分布：全国各地；日本、朝鲜、韩国、印度、俄罗斯、尼泊尔、缅甸、斯里兰卡、印度尼西亚、巴基斯坦、澳大利亚、新西兰以及地中海东部与南部区域。

雌

雌

长须夜蛾亚科 Herminiinae

114. 鬃角疖夜蛾 *Adrapsa ochracea* Leech, 1900

鉴别特征：体长14mm，翅展34mm。触角灰褐色线状。头部深褐色，胸部深褐色，具一列黄褐色鳞片组成的横纹，腹部淡褐色。前翅黄褐色至深褐色，端部1/3处色深。各横线深褐色，波状；翅中部具较大的白色肾形斑，其基侧具椭圆形白色斑，翅顶角向翅后缘具不规则云纹状淡黄褐色斑；端缘具黄色、深褐色相间的毛簇。后翅褐色，前缘色稍淡，翅中部具淡色带，内具波状褐色横线，其余横线亦呈波状，色淡；翅缘具黄色、深褐色相间的毛簇。

寄主：不详。

分布：江苏（宜兴）、湖北、台湾。

雌

雌

雌

雌

雄

雄

115.闪疖夜蛾 *Adrapsa simplex* (Butler, 1879)

鉴别特征：体长12～15mm，翅展27～35mm。雄虫触角双栉齿状，有栉齿的部位仅占整个触角长度的1/3左右，基部有疖，距基部约1/3处有一小段呈黄色，其余为红褐色；雌虫触角红褐色线状。全体褐色。前翅中部近基部具一小白点，其外侧具一白色肾形纹，近外缘有白色波状横线，其近前缘端具一白点，顶角附近具3个白色斜纹，翅外缘处有一列白点。后翅近基部具一新月形白点，翅面具多条细锯齿形白色横线。

寄主：不详。

分布：江苏（宜兴）、江西、浙江、湖北、福建、海南、四川、台湾；日本。

雄

雄

雌

雌

116.白线拟胸须夜蛾 *Bertula albolinealis*（Leech, 1900）

鉴别特征：体长12～14mm，翅展24～30mm。触角线状，雄虫触角黄褐色与红褐色相间，雌虫触角自基部约1/3为黄褐色，其余为红褐色。头、胸部深褐色，腹部褐色。前翅棕褐色，具3条明显白色内斜的横线，基部前缘区具一条淡色纵纹，外缘具一列黑色三角形斑点。后翅灰棕色，前缘区色稍淡，中央具一黑点，其外侧具一黑色横带，外缘具一列黑色斑点。

寄主：不详。

分布：江苏（宜兴）、湖南、江西、福建、广东、广西、四川。

注：又名白线尖须夜蛾。

雄

雄

雌

雌

117.波拟胸须夜蛾 *Bertula sinuosa* (Leech, 1900)（江苏新纪录种）

鉴别特征：体长9～12mm，翅展19～29mm。触角线状，红褐色或灰褐色。头部与胸部暗褐色，腹部褐色。前翅黄褐色，基部褐色，中部黄褐色，端部褐色；横线黄褐色，在中部黄褐色区域内隐约可见，端部褐色区域内较为明显；端缘具三角形黑斑列。后翅黑褐色，横线前半部模糊，后半部清晰，外缘亦具三角形黑斑列。

寄主：不详。

分布：江苏（宜兴）、湖北、四川、西藏；日本。

雄　　雄

雌　　雌

118.条拟胸须夜蛾 *Bertula spacoalis* (Walker, 1859)（江苏新纪录种）

鉴别特征：体长10～11mm，翅展25～26mm。触角红褐色线状。头部褐色，胸部背面褐色，腹部褐色。前翅褐色，基部与中部的横线白色，近端部的横线仅在翅前缘处明显，向后渐变淡。后翅褐色，具2条黄线，内侧的长，前端不甚清晰，外侧的短。

寄主：不详。

分布：江苏（宜兴）、河北、湖南、江西、福建、四川；日本。

雄

雄

119.胸须夜蛾 *Cidariplura gladiata* Butler, 1879

鉴别特征：体长10mm，翅展25mm。触角灰褐色线状。体黄褐色、灰褐色或红褐色，个体间有较大差异。前翅与体同色，翅面中部具两条明显的横线，基部的一条波状，其内侧与翅基之间的前缘具一淡色短条纹，其外侧具一白色圆斑；外侧横线近前缘处向外侧弯曲，其内侧具一近方形斑，外侧隐约可见另一条波状横线；外缘具白色纹。后翅与体同色，横线白色。

寄主：不详。

分布：江苏（宜兴、南京）、江西、湖北、湖南、福建、四川、台湾；日本、朝鲜、韩国。

雄

雄

120.钩白肾夜蛾 *Edessena hamada* (Felder et Rogenhofer, 1874)

鉴别特征：体长20～21mm，翅展48～50mm。雄虫触角深褐色双栉齿状，雌虫触角褐色栉齿状。全体灰褐色。前翅灰褐色，具深褐色横线，中部外侧具一钩状白斑，该斑内侧具一小白点。后翅暗褐色，中部具一白点，横线暗褐色，微外弯。

寄主：不详。

分布：江苏（宜兴、南京）、山东、河北、江西、福建、湖南、四川、云南；日本、朝鲜、韩国、俄罗斯。

雄　雄

雌　雌

121.赭黄长须夜蛾 *Herminia arenosa* Butler, 1878（江苏新纪录种）

鉴别特征：体长10mm，翅展24mm。头、胸部褐色，腹部褐色。前翅灰褐色，近基部1/3具一条深褐色波状横线，其前端弯向基部，在有些个体中此横线较直；近端部1/3处具强烈波状的横线，其与基部的横线间杂不清晰的环纹与带黑边的肾形纹；亚端部的横线较粗，深褐色，波状或较直，端缘的横线沿翅缘弯曲。后翅灰褐色隐约可见两条横线。

寄主：阔叶树类的枯叶。

分布：江苏（宜兴）、吉林、辽宁、山西；日本、朝鲜、韩国、俄罗斯远东地区。

122.枥长须夜蛾 *Herminia grisealis* (Denis et Schiffermüller, 1775)（江苏新纪录种）

鉴别特征：体长8～9mm，翅展20～21mm。雄虫触角黑褐色双栉齿状，雌虫触角黑褐色线状。体灰褐色。前翅灰褐色；内线黑棕色、直；中线棕色，不清晰，前半部可见弧形内弯；外线棕色，大波形，前半部向外凸，后半部向内弧凹；亚端线较粗、黑棕色，自顶角稍内弯，中后部直，两翅合拢时中央平两侧呈平圆弧形。后翅灰褐色。

寄主：鹅耳枥。

分布：江苏（宜兴）、江西、内蒙古、四川、云南、台湾；朝鲜、韩国、日本、哈萨克斯坦以及欧洲。

雄

雄

雌

雌

123.灰长须夜蛾 *Herminia tarsicrinalis* (Knoch, 1782)

鉴别特征：体长12mm，翅展25mm。触角灰褐色线状。头部灰褐色，胸部灰褐色，腹部暗黄灰色。前翅灰色，密布褐色细小点；翅基部1/3处具稍外凸的褐色横线，中部附近具边缘不清晰的褐色宽带，前端内嵌肾形纹；宽带外侧具中上部强烈外凸的深褐色横线，亚端部具较直的横线，端缘具一列黑点。后翅灰色，微带褐色，近端部处具淡色横线，端缘横线深褐色。

寄主：榉树。

分布：江苏、北京、黑龙江、河北；日本、朝鲜以及欧洲。

雌

雌

124.楞亥夜蛾 *Hydrillodes lentalis* Guenée, 1854

鉴别特征：体长10mm，翅展21mm。触角灰褐色线状。头部灰褐色，胸、腹部灰褐色。前翅狭长，黄褐色至灰褐色，翅面可见3条波状横线，基部2条横线间色淡，具一肾形纹，其余部分颜色深，外侧的横线有时不连续。后翅灰褐色，隐约可见2条横线。

寄主：阔叶树的枯叶。

分布：中国南部；印度、日本、斯里兰卡、菲律宾、马来西亚、印度尼西亚、澳大利亚以及东南亚、从太平洋到印度洋的岛屿。

雌

雌

125. 弓须亥夜蛾 *Hydrillodes morosa* (Butler, 1879)（江苏新纪录种）

鉴别特征：体长9mm，翅展19mm。触角褐色线状。头部褐色，胸部褐色，腹部褐色。前翅淡褐色，近端部附近色较深；横线淡色，波状，翅中部附近具一弯曲呈弧形的肾形纹，其基侧黑色斑点。后翅淡灰褐色，可见深褐色短小的横脉纹。

寄主：化香的枯叶。

分布：江苏（宜兴）、山东、湖南、福建、广东、广西、西藏、台湾；日本、印度、斯里兰卡、俄罗斯、朝鲜、韩国以及东南亚。

雄

雄

126. 邻奴夜蛾 *Paracolax contigua* (Leech, 1900)（江苏新纪录种）

鉴别特征：体长10mm，翅展23mm。触角线状，基部1/4为褐色，其余黄色。头部褐色，胸部褐色，腹部褐色。前翅褐色，基部1/4处具深褐色波状横线，其外侧具一小黑点；黑点外则具大型黄色肾形斑，该斑外侧为深褐色波状纹，其与外缘间有时亦具一淡色波状横线，但有些个体不明显；端缘具深褐色间断横线。后翅褐色，可见明显横线。

寄主：不详。

分布：江苏（宜兴）、湖北、四川；日本、朝鲜、韩国。

雌

雌

127. 黄肾奴夜蛾 *Paracolax pryeri* (Butler, 1879)（江苏新纪录种）

鉴别特征：体长9mm，翅展22mm。触角灰黄色线状。翅褐色。头部深褐色，胸部及腹部褐色。前翅淡褐色，前缘基部黑色，翅面明显可见4条端部内斜的黑色横纹；第1、2条斜纹宽，第2条斜纹内、外两侧分别具赭色圆斑和肾形斑；第3、4条斜纹较窄，翅端缘黑。后翅褐色，具3条黑色横纹，中间横纹的较细。

寄主：杉树枯叶。

分布：江苏（宜兴）、浙江、湖南、福建；日本。

雌

128.黑点贫夜蛾 *Simplicia rectalis* (Eversmann, 1842)

鉴别特征：体长14～16mm，翅展30～32mm。雄虫触角暗褐色线状，距基部约1/3处有疖；雌虫触角黑褐色线状。头部与胸部淡褐色至深褐色，腹部褐色。前翅淡褐色至深褐色，翅中部隐约可见2条褐色或黑色的波状横线，其间具一略呈肾形的斑，亚端部具一白色横线。后翅褐白色至深褐色，亚端部隐约可见一黄白色线。

寄主：不详。

分布：江苏、北京、黑龙江；朝鲜、日本以及欧洲。

雄　　雄

雌　　雌

129.杉镰须夜蛾 *Zanclognatha griselda* (Butler, 1879)（江苏新纪录种）

鉴别特征：体长12mm，翅展31mm。雌虫触角黄褐色线状。头部与胸部黄褐色，腹部褐色。前翅黄褐色，翅基部1/4处具深褐色横线，前缘向翅基部弯曲；翅端1/3处具中上部外突的横线；这两条横线间具模糊的深褐色带，前端内嵌弧形深褐色条纹；顶角至后缘具宽横线，翅缘具波状横线。后翅淡褐色，隐约可见波状横线，端缘横线深褐色。

寄主：杉。

分布：江苏（宜兴）、江西、福建；日本、朝鲜、韩国以及欧洲。

雌

雌

130.**黄镰须夜蛾** *Zanclognatha helva* (Butler, 1879)

鉴别特征：体长12～13mm，翅展26～29mm。雄虫触角双栉齿状，距基部约1/3处有疖，疖到基部为黄色，疖到末端为红褐色；雌虫触角黄色线状。头部褐色，胸、腹部褐色，有些个体黄褐色。前翅除端部附近颜色加深外，均褐色，翅面中部可见2条深褐色波状横线，两横线间具深褐色圆斑，翅顶角发出一条斜纹伸达翅后缘端部附近，端缘具一条细的黑色线条。后翅褐色，具2条前端不甚清晰的横线，端缘具一条黑色线纹。

寄主：槲树。

分布：江苏（宜兴、南京）、浙江、湖南、福建、台湾；日本、朝鲜。

雄

雄

雌

雌

131.常镰须夜蛾 *Zanclognatha lilacina* (Butler, 1879)（江苏新纪录种）

鉴别特征：体长15mm，翅展36mm。雌虫触角黄褐色线状。头、胸及腹部灰褐色。前翅淡褐色，有时略带紫色，散布暗褐细小点；翅基部1/3处具强烈波状横线，从前缘延伸至后缘，该横线基侧前缘具一短而弯曲的弧形横线；近端部1/3处具中部向外凸的深褐色横线，其内侧具深褐色的肾形纹；亚端部的横线波状，色淡，近翅前缘的部分较粗；近外缘的短棒状，嵌于翅脉之间。后翅褐灰色，隐约可见黑褐色横线，锯齿形。

寄主：不详。

分布：江苏（宜兴）、浙江、江西、福建；日本、韩国、朝鲜、俄罗斯。

雌

雌

雌

雌

髯须夜蛾亚科 Hypeninae

132.燕夜蛾 *Aventiola pusilla* (Butler, 1879)

鉴别特征：体长6～7mm，翅展15～16mm。触角黄色线状。头部灰白色，胸部背面灰黑色，腹部淡黑色，腹部相连处有灰白色的环状带。前翅前缘近顶角处有一明显的黑色倒梯形斑，其前缘有2个白点，前缘中部及近肩角处散布黑色条带或黑点。前翅近外缘约1/2区域颜色较深。后翅白灰色，翅中部有一黑色较直的线纹，其附近分布有黑色圆斑点；近外缘处有黑色锯齿形纹。

寄主：地衣。

分布：江苏、江西、山东、河北、四川以及东北地区；日本、朝鲜、韩国、俄罗斯远东地区。

雄

雄

雄

雌

雌

雌

133.碎纹宽夜蛾 *Harita belinda* (Butler, 1879)（江苏新纪录种）

鉴别特征：体长15～16mm，翅展29～32mm。触角红褐色线状。头、胸部褐色，腹部灰褐色。前翅灰色，翅面模糊、具碎纹，中部至外缘颜色变暗；前缘顶角处有一半圆形黑斑，覆青白色，内有深黑色条纹。后翅暗灰色，基部稍暗。

寄主：马棘。

分布：江苏（宜兴）、浙江、贵州、西藏；日本、朝鲜、韩国。

雄

雄

134.双色髯须夜蛾 *Hypena bicoloralis* (Graeser, 1888)（江苏新纪录种）

鉴别特征：体长10～13mm，翅展27～33mm。触角红褐色线状。头部与胸部褐色，腹部深褐色，背部毛簇为褐色。前翅翅面大部为一深棕色大斑，此斑外侧及近顶角处为白色并杂有褐色。翅面中央及中央与翅基部中间各具一隐约可见较暗的小斑，近顶角处有一列深褐色的斑，向后渐大；翅外缘有一列深棕色长点，缘毛基部水白色，其余杂白色，中部有一深棕色线。后翅棕色，端缘深棕色。

寄主：春榆、榉树。

分布：江苏（宜兴）、黑龙江、吉林、湖北、云南、贵州；日本、朝鲜、韩国、俄罗斯远东地区。

注：又名双色卜夜蛾。

雄

雄

雌

雌

135. 笋鬈须夜蛾 *Hypena claripennis* (Butler, 1878)

鉴别特征：体长12～13mm，翅展21～32mm。触角黄褐色线状。头部与胸部棕褐色，腹部背面黄色。前翅棕褐色带灰色，翅面中部近前缘处具一模糊黑色圆形粗点，翅近中部被一微内斜近直线的灰褐色横线分隔，其外侧暗灰褐色并微带白色，顶角处有一模糊灰褐纹。后翅黄色，外缘棕褐色。

寄主：竹笋。

分布：江苏；日本。

注：又名亮翅长须夜蛾。

雌

雌

136. 清鬈须夜蛾 *Hypena indicatalis* Walker, 1859（江苏新纪录种）

鉴别特征：体长9mm，翅展22mm。触角线状，红褐色或黄褐色。头灰褐色，胸部深褐色，腹部灰褐色。雄虫前翅褐色至深褐色，中部偏外侧具波状横线，其下端内侧黑褐色；其与翅基之间，可见两条横线，最基部的短，黑色；稍外侧的深褐色，亦呈波状；翅中部具两个小黑斑；自顶角发出一弧形纵纹，其与前缘间具两个黑短纹，与后缘之间呈不规则深褐色斑；端缘具一列黑色纹。后翅灰褐色，端部的横线黑色。雌虫与雄虫色斑相似，但前翅后缘中部具一较粗的淡褐色纵纹，与翅中部附近的横线相连，划分出前翅中部的三角形大黑斑。

寄主：苎麻。

分布：江苏（宜兴）、湖南、福建、海南、广西；日本、朝鲜、印度、马来西亚。

雄

雄

雌

雌

137. 印线髯须夜蛾 *Hypena masurialis* Guenée, 1854（江苏新纪录种）

鉴别特征：体长11～13mm，翅展23～27mm。触角线状，灰褐色或黄褐色。头部与胸部灰褐色，腹部灰褐色。前翅灰青色，散布黑色小点；近中部有一内斜褐条纹，其外侧略棕灰色；近外缘有模糊黑色带；翅面中央与翅基部的中间具一黑色斑点，翅面中央具很小或模糊的斑纹，顶角尖锐。后翅浑圆，灰褐色。本种为多型种，体色变化较大。

寄主：不详。

分布：江苏（宜兴）、云南、海南、台湾；日本、印度、斐济等。

注：又名玛长须夜蛾。

雄 雄

雄 雄

雌 雌

138. 暗黑髯须夜蛾 *Hypena nigrobasalis* (Herz, 1904)（江苏新纪录种）

鉴别特征：体长10mm，翅展24mm。触角黑褐色线状。体黑色，头部黑褐色，胸部及腹部深褐色。前翅黑色，翅基部至翅后缘近端部1/3处具一条白色纵线，翅顶角发出一条上部1/3黑色、下部2/3白色的斜线，并与前述的白色纵线汇合，自然停息时，这2条线组成“X”形斑；前缘近端部1/3处与顶角间具一近三角形斑，颜色稍淡于其下方区域；翅端缘具一条黑色横线。后翅深褐色。

寄主：不详。

分布：江苏（宜兴）、吉林；韩国、日本。

雄

雄

雄

雄

雌

雌

139. 两色髯须夜蛾 *Hypena trigonalis* (Guenée, 1854)（江苏新纪录种）

鉴别特征：体长11～16mm，翅展28～36mm。触角褐色线状。头部灰褐色带黑色，胸部黑褐色带灰色，腹部黄色。前翅暗棕褐色，密布有灰色细小点，翅基内侧部分带有棕红色，翅中有一黑棕色三角形斑。后翅黄色，端缘有一棕黑色带，前宽后窄，其外缘的毛亦棕黑色。

寄主：苎麻。

分布：江苏（宜兴）、山东、河南、浙江、江西、福建、四川、贵州、云南、西藏、台湾；日本、朝鲜、韩国、印度。

注：又名两色髯长须夜蛾。

雄

雄

夜蛾亚科 Noctuinae

140. 小地老虎 *Agrotis ipsilon* (Hufnagel, 1766)

鉴别特征：体长22～25mm，翅展43～49mm。雄虫触角红褐色双栉齿状，雌虫触角黑色线状。头部及胸部褐色至黑灰色，头顶有黑斑，颈板基部及中部各一黑横纹，腹部灰褐色。前翅棕褐色，前缘较黑，近翅基处具黑色波浪形双线纹，翅面中央有一肾形纹，具黑边，外侧中部有一楔形黑纹，中央与翅基部的中间有一扁圆形斑，具黑边，翅中央具黑褐色波浪形横纹，近外缘具黑色锯齿形双线纹。后翅白色，翅脉褐色，前缘、顶角及端缘褐色。

寄主：棉花、玉米、高粱、烟草、春麦、豌豆、麻、马铃薯以及各种蔬菜。

分布：全国各地；世界各国。

雄　　雄

雌　　雌

141.大地老虎 *Agrofis tokionis* Butler, 1881

鉴别特征：体长20～22mm，翅展45～48mm。触角黄褐色线状。头、胸部暗褐色，腹部灰褐色。前翅褐色，前缘自基部至2/3处黑褐色，自翅基部至外缘具3锯齿形横纹，且均为双线，翅面中央及中央与翅基部中间近前缘处、近翅基处各具肾形斑纹、环形斑纹和楔形斑纹，其周缘均围以黑褐色边，其中肾形斑纹外方有一黑色条斑。后翅淡褐色，外缘具很宽的黑褐色边。

寄主：棉花、玉米、高粱、烟草等。

分布：全国各地；日本、朝鲜、韩国、俄罗斯。

雌

142.朽木夜蛾 *Axylia putris* (Linnaeus, 1761)

鉴别特征：体长14～16mm，翅展26～37mm。触角黑色线状。头黄白色，胸部棕褐色，前胸前缘常具黑带。前翅浅赭黄色，前缘区大部带黑色；翅面中央及中央与翅基部中间各具一黑色斑，近翅外缘具2列黑点。后翅淡褐色。

寄主：繁缕属、缤藜属、车前属植物。

分布：江苏、江西、北京、新疆、甘肃、青海、宁夏、黑龙江、吉林、河北、山西、山东、安徽、上海、浙江、福建、四川；日本、朝鲜、韩国、印度尼西亚、印度以及欧洲。

雄

雄

雌　　　　　　　　　　雌

143. 毛健夜蛾 *Brithys crini* (Fabricuis, 1775)（江苏新纪录种）

鉴别特征：体长17mm，翅展36mm。触角线状，距基部约1/3为褐色，其余为黄色。头、胸部暗褐色，腹部灰色带黑褐色。前翅铅灰色带暗褐色，翅面中央具一浅褐灰色肾形纹，并围以红褐环，此斑内侧有波形深线横纹，外侧有黑色锯齿形横纹，并在近顶角处内突至该肾形纹后端，其后内斜；近外缘处有一黄白色横纹，间断为新月形点列，横纹内方一灰黄窄带，其中有一列楔形的红褐色纹。后翅白色，前缘区暗褐色。雌蛾后翅端区褐色。

寄主：崽兰。

分布：江苏（宜兴）、江西、广西、云南；朝鲜、日本、韩国、泰国、印度、缅甸、越南、菲律宾、斯里兰卡、新加坡、印度尼西亚、尼泊尔、澳大利亚、巴布亚新几内亚以及非洲、欧洲。

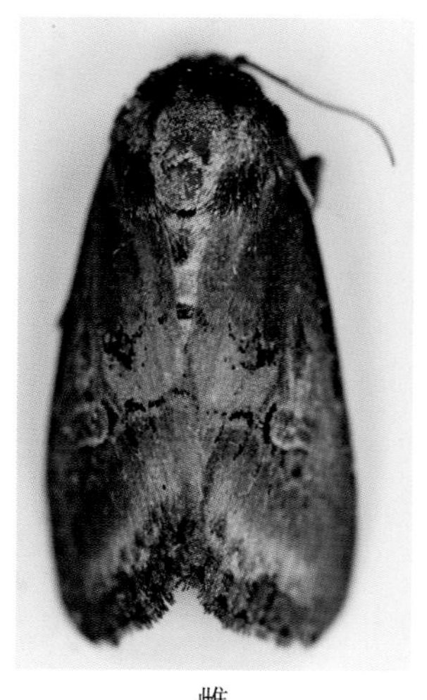

雌　　　　　　　　　　雌

144. 灰歹夜蛾 *Diarsia canescens* (Butler, 1878)（江苏新纪录种）

鉴别特征：体长17～21mm，翅展38～48mm。触角线状，黄色或黄褐色。身体及前翅红棕色至灰褐色，前翅基部具一小黑褐点，环纹、肾形纹明显，具黄边，肾形纹基半色通常较深；亚缘线黄色，通常明显，近后缘曲折；有时可见由黑褐点组成的外线，或黄色边，端缘色暗。后翅灰褐色，前缘黄褐色，外缘红棕色，具缘毛。

寄主：山毛榉等。

分布：江苏（宜兴）、江西、北京、黑龙江、辽宁、内蒙古、山东、新疆、青海、湖北、河北、海南、四川、台湾；日本、朝鲜、韩国、俄罗斯、印度、巴基斯坦。

雄

雄

雌

雌

雄　　　　雄

145. 歹夜蛾 *Diarsia dahlii* (Hübner, 1813)（江苏新纪录种）

鉴别特征：体长14 ~ 19mm，翅展31 ~ 43mm。雄虫触角黄色栉齿状。体淡灰褐色，头部灰褐色，胸部黄褐色，腹部深褐色，末端具橙黄色毛簇。前翅灰褐色，各横线褐色双线，略呈波状；翅中部具较大的肾形纹，其基侧具一黑点；外缘具一列三角形黑点。后翅灰褐色，前后缘及端区微褐，翅脉褐色。雌蛾色较暗，前翅斑纹不显著。

寄主：柳、山楂等。

分布：江苏（宜兴）、江西、山东、黑龙江、新疆、青海、山西、四川、云南；朝鲜、韩国、日本以及欧洲。

雄　　　　雄

雄

雄

146.分歹夜蛾 *Diarsia deparca* (Butler, 1879)（江苏新纪录种）

鉴别特征：体长16～18mm，翅展35～43mm。雄虫触角褐色双栉齿状，雌虫触角黄色线状。体灰褐色至黄褐色。前翅灰褐色至黄褐色，基部颜色稍淡，端部色深；前缘端半部具淡色小斑点；各横线双线型，波曲状；翅面中央具大型椭圆形环纹，该纹下方具一小黑点，外侧具前半段色浅后半段黑色的肾形纹；端缘脉间具三角形黑斑。后翅褐色，由基部向顶角色渐深，缘毛黄色。

寄主：低等草本植物。

分布：江苏（宜兴）、四川、云南、西藏；日本、斯里兰卡、朝鲜、韩国、尼泊尔、印度北部、俄罗斯东南部。

雄

雄

雌

147.茶色狭翅夜蛾 *Hermonassa cecilia* Butler, 1878

鉴别特征：体长20mm，翅展41mm。触角红褐色线状。头部、胸部、腹部及前翅为暗褐色。前翅前缘散布黑色短棒状纹，翅基附近具楔状纹，中部具环状纹及肾形纹，这些斑纹外镶黄边；横线除基部的黑色外，其余均为黄褐色，翅基半部的横线直，端半部的呈波状。后翅淡暗褐色，翅顶角附近色稍深。

寄主：不详。

分布：江苏、江西、吉林、陕西、四川、西藏；日本、韩国、朝鲜、俄罗斯。

雌

雌

148.润鲁夜蛾 *Xestia dilatata* (Butler, 1879)

鉴别特征：体长22～24mm，翅展45～49mm。触角黄色双栉齿状。头、胸部红褐色，腹部灰褐色。前翅红褐色带紫色，中部具一深色带、前宽后窄，各横线黑棕色；内线稍外斜；中线模糊不清；肾形纹边缘黄白及深褐色；亚端区具一浅色弧形带纹。后翅暗褐色。

寄主：羊蹄。

分布：江苏、河北、湖南、台湾；日本、朝鲜、韩国、印度北部、俄罗斯东南部。

雄

雄

雄　　雄

雌　　雌

强喙夜蛾亚科 Ophiderinae

149.白斑烦夜蛾 *Aedia leucomelas* (Linnaeus, 1758)（江苏新纪录种）

鉴别特征：体长17mm，翅展38mm。触角黑褐色线状。头部及胸部黑棕色，毛簇褐色；腹部黑棕色带褐色。前翅黑棕色带褐色，各横线多波状、双线黑色；翅端半部沿翅脉黑色，中央具白色肾形纹。后翅基半部白色，后缘及外半部黑色，顶角与臀角外缘毛白色。

寄主：甘薯。

分布：江苏（宜兴）、江西、福建、湖南、广东、广西、四川、云南、贵州、海南、台湾；日本、朝鲜、韩国、泰国、老挝、缅甸、菲律宾、印度、印度尼西亚、尼泊尔以及西亚、欧洲、非洲北部。

雄

雄

150.巨仿桥夜蛾 *Anomis leucolopha* Prout, 1928（江苏新纪录种）

鉴别特征：体长24mm，翅展45mm。触角红褐色线状。头、胸部棕色杂黄色，腹部灰褐色。前翅外缘中部外突，橙黄色至棕黄色；各横线红褐色，波状；翅中部具一白点，镶红棕色边；外具双环纹组成的肾形纹，后半部分为黑棕色圈；缘毛端部白色。后翅褐色。

寄主：不详。

分布：江苏（宜兴）、江西；泰国、越南、印度尼西亚。

雄

雄

151.中桥夜蛾 *Anomis mesogona* (Walker, 1858)

鉴别特征：体长12～18mm，翅展24～38mm；触角黄褐色线状。体及前翅颜色有变，多暗红褐色或黄褐色。前翅基部的横线折线形，中部横线前半段外突、后半段直，其内侧具黑色肾形纹；翅顶稍下垂，外缘中部外突成尖角。后翅灰褐色。

寄主：悬钩子、醋栗、棉、木芙蓉、柑橘等；成虫吸食果汁。

分布：江苏、北京、甘肃、黑龙江、河北、山东、浙江、福建、湖北、湖南、海南、贵州、云南、台湾；朝鲜、韩国、日本、斯里兰卡、俄罗斯、马来西亚、印度以及非洲。

注：又名桥夜蛾。

雄

雄

雌

雌

152.**俄印夜蛾** *Bamra exclusa* (Leech, 1889)（**江苏新纪录种**）

鉴别特征：体长20～23mm，翅展41～48mm。触角线状，黄褐色或黑褐色。头部暗褐色，胸部褐色至黑褐色，腹部褐色。前翅褐色，各横线黑色，波状；翅基部1/3深褐色，外缘多少呈弧形；中部外侧具一大三角形黑褐色斑，前缘处最宽，向后方变窄，伸达后缘，内嵌黑色纵纹；端部横线锯齿状。后翅褐色，基部2/3黄色，横线暗褐色。

寄主：不详。

分布：江苏（宜兴）、广东、海南；日本。

雄

雄

雄

雄

雄

雄

雌

雌

153.新靛夜蛾 *Belciana staudingeri* (Leech, 1900)（江苏新纪录种）

鉴别特征：体长14～16mm，翅展29～30mm。触角暗褐色线状。头部黑褐色杂灰绿色，胸部褐黑色杂白色，腹部浅褐色。前翅灰绿色，前缘杂黑色不规则斑点；基部具一黑斑，各横线黑色，波状；顶角附近大部褐色。后翅褐色。

寄主：不详。

分布：江苏（宜兴）、江西、山西、浙江、湖南、西藏以及东北地区；朝鲜、韩国、俄罗斯。

雄

雄

雌

雌

154. 角斑畸夜蛾 *Bocula bifaria* (Walker, [1863])

鉴别特征：体长12～14mm，翅展25～30mm。触角灰褐色线状。头、胸、腹部灰褐色。前翅灰褐色，翅面中央具明显3条横线，中间的一条为双线形；端区有一大黑斑，该黑斑内缘在顶角处窄缩成一钝齿状，在前部1/3处强烈内伸，中部1/3直向下，后1/3向外斜达后缘近端部。后翅灰褐色。

寄主：不详。

分布：江苏。

雄

雄

155. 金图夜蛾 *Chrysograpta igneola* (Swinhoe, 1890) (江苏新纪录种)

鉴别特征：体长10～11mm，展翅21～26mm。触角黑褐色线状。前翅黄褐色染暗褐色，密布白色细小点；具3条黑褐色横带；翅中部显一橙黄斑；近顶角显一橙黄色斑，有一白线自前缘中部斜穿过该斑内下缘；端区显橙黄色，具几个黑点。后翅明显具一黑色横带，内侧衬橙黄色。

寄主：不详。

分布：江苏（宜兴）、江西、台湾；泰国、缅甸、马来西亚以及苏门答腊岛。

雄

雄

雌

雌

156.残夜蛾 *Colobochyla salicalis* (Denis et Schiffermüller, 1775)

鉴别特征：体长10～12mm，翅展22～24mm。触角灰褐色线状。体背、前翅均为灰褐色。两前翅自然状态平展在体背时，具3条几乎平行的横带，第2、3条横带为褐色内衬黄色，第3条横带斜向顶角；翅端区褐色较深；端部具一列黑点。后翅灰褐色。

寄主：杨、柳。

分布：江苏（宜兴、南京）、北京、新疆、河北以及东北地区；日本、朝鲜、伊朗以及欧洲。

注：又名柳残夜蛾。

雄 雄

雄 雄

雌 雌

157.小桥夜蛾 *Cosmophila flava* (Fabricius, 1775)

鉴别特征：体长18mm，翅展28～35mm。雄虫触角红褐色双栉齿状，雌虫触角黄褐色线状。头、胸部黄色，腹部背面灰黄色或黄褐色。前翅外缘中部向外突出，翅基半部黄色，端半部黄褐色至暗褐色；基半部密布红棕色细小点，其内的横线红棕色，向后缘外斜，中部近前缘处具一白色斑纹，边缘褐色；端半部在近中线处具一不规则暗棕色斑纹，横线深褐色，波状。后翅暗褐色。

寄主：棉、木槿、蜀葵、苘麻、冬苋、烟草、木耳菜等；成虫吸食柑橘、芭果、番石榴、黄皮等果汁。

分布：江苏、陕西、内蒙古、山东、河南、甘肃、福建、台湾以及除西北地区外各棉区；欧洲、亚洲、非洲、美洲、大洋洲。

注：又名小造桥虫、小造桥夜蛾、黄桥夜蛾。

雄　雄

雌　雌

158. **大斑蕊夜蛾** *Cymatophoropsis unca* (Houlbert, 1921)

鉴别特征：体长12～13mm，翅展28～32mm。触角黄褐色线状。头部黑褐色，胸部白色带赭色。前翅黑褐色，基部有一黄白色卵形大斑，其外缘达翅中部；顶角有一黄白斑，其后缘达翅前部1/3处；臀角有一黄白斑，其前缘达翅中部；各斑内均带浅赭色，斑边缘内侧偏白色。

寄主：不详。

分布：江苏（宜兴）、陕西、浙江、湖北、江西、四川、云南、西藏；日本、朝鲜。

雄

雌

雌

159.斜尺夜蛾 *Dierna strigata* (Moore, 1867)

鉴别特征：体长12mm，翅展38mm。雄虫触角双栉齿状，距基部前3/5褐色粗壮，后2/5黄色细长。头、胸部褐色，腹部黄褐色。前翅浅灰褐色，散布边缘不清晰的褐色横纹，顶角至后缘具一黑褐色斜线，内侧具有褐色细线与之平行，外侧衬褐色阴影，端线为一列黑点。后翅浅灰褐色，顶角附近色深。

寄主：不详。

分布：江苏（宜兴、南京）、湖北、云南、湖南、广东、海南、江西、福建、香港、台湾；泰国、老挝、柬埔寨、越南、尼泊尔、印度、孟加拉国。

雄

雄

160.曲带双衲夜蛾 *Dinumma deponens* Walker, 1858

鉴别特征：体长18mm，翅展35mm。触角线状，褐色夹杂部分黄色相间。头部灰褐色；胸部前端灰褐色，后端黑色；腹部背面具一条黑纵带，两侧淡褐色。前翅深褐色，前缘基部具不规则深褐色斑；基部1/4至中部由前缘至后缘具由2条强烈波状的横线围成的黑色斑，此斑外侧散布不规则暗褐色纵条纹；外缘中部附近具一前一后两黑斑，前斑圆形，后斑近三角形。后翅灰褐色。

寄主：合欢。

分布：江苏、陕西、山东、河南、浙江、湖南、福建、江西、广东、广西、云南、台湾；日本、朝鲜、韩国、泰国、印度、尼泊尔。

注：又名双衲夜蛾。

雌　　　　雌

161.长阳狄夜蛾 *Diomea fasciata* (Leech, 1900)（江苏新纪录种）

鉴别特征：体长17～18mm，翅展33～35mm。触角黑褐色线状。头、胸及腹部均黄褐色。前翅黄褐色，翅中部具黑色宽带，其与翅基部之间具深褐色不规则弯曲的带纹，与翅端之间具深褐色短纵纹，外侧具一列深褐色圆斑。后翅黄褐色，横线深褐色，近端部附近具一黑色宽带。

寄主：不详。

分布：江苏（宜兴）、江西、湖北、台湾；印度、泰国。

雌

雌

雌

162.中南夜蛾 *Ericeia inangulata* (Guenée, 1852)

鉴别特征：体长18mm，翅展37mm。触角灰褐色线状。头、胸及腹部灰褐色。前翅灰褐色，端部1/3色稍深；翅面散布黑色斑点，各横线黑色，波状，较弱；前缘近顶角处弯曲呈弧形。后翅灰褐色，散布黑色斑点，隐约可见波状的横线。

寄主：黑荆树以及黄檀属、含羞草属。

分布：江苏（宜兴、南京）、湖南、福建、海南、广西、云南、西藏；日本、缅甸、印度、斯里兰卡、孟加拉国、澳大利亚。

雄

雄

163.凡艳叶夜蛾 *Eudocima phalonia* (Linnaeus, 1763)

鉴别特征：体长30～40mm，翅展72～100mm。触角黄褐色线状。头、胸部深褐色，腹部褐黄色。前翅灰褐色至深褐色，翅基部的横线黑褐色，较直，近端部的横线内斜；雄虫翅顶角至后缘中央具一斜线，雌虫顶角与翅外缘中部间具稍呈“L”形的淡褐色斑，翅面中央与后缘近基部之间具3个不规则黑斑并排成一斜列。后翅橘黄色，中部一黑曲条，端区一黑宽带，前端内展近翅基部，后端与黑曲条端部相望。

寄主：木通；成虫吸食柑橘、桃、苹果、梨、杧果、黄皮、番石榴、荔枝等果汁。

分布：江苏、黑龙江、山东、浙江、湖南、福建、广东、海南、广西、四川、云南、台湾；日本、朝鲜、韩国、俄罗斯、菲律宾、缅甸、泰国、越南、印度尼西亚、尼泊尔、印度以及大洋洲、非洲。

注：又名落叶夜蛾、卷艳叶夜蛾。

雄

雄

雌　　　　雌

雌

164. **艳叶夜蛾** *Eudocima salaminia* (Cramer, 1777)

鉴别特征：体长33～34mm，翅展84～86mm。触角黄褐色线状。头、胸部褐绿色带灰色；腹部黄色。前翅前缘区和外缘区白色，前缘绿色，与白色区无明显界线；其余翅色金绿色或墨绿色；具一紫红色纵纹。后翅橘黄色；端区黑色斑纹，上宽下窄；近臀角具一肾形黑斑；缘毛在黑斑外侧黑白相间，可见6个白斑，其余部分橘黄色。

寄主：蝙蝠葛属；成虫吸食柑橘、桃、苹果、梨、杧果、黄皮、番石榴等果汁。

分布：江苏、浙江、福建、江西、广东、广西、云南、香港、台湾；印度以及南太平洋诸岛、大洋洲、非洲。

雄

雄

雌

雌

165. 枯艳叶夜蛾 *Eudocima tyrannus* (Guenée, 1852)

鉴别特征：体长32～38mm，翅展105～110mm。触角线状，棕褐色或黄色。头、胸部棕褐色，腹部背面橙黄色。前翅枯叶褐色；顶角尖，顶角至后缘凹陷处有一黑褐色斜线；基部横线明显，其与斜线之间的横线甚清晰；翅面中布央具黄绿色肾形纹，内侧具一黑点。后翅橘黄色；亚端区具一半圆形黑带，近臀角具一肾形黑斑。

寄主：成虫吸食柑橘、苹果、梨、桃、葡萄、枇杷、无花果、杧果等果汁。

分布：江苏、江西、辽宁、河北、山东、浙江、湖北、福建、广西、四川、云南、海南、香港、台湾；朝鲜、韩国、日本、印度、俄罗斯、越南、缅甸、马来西亚、印度尼西亚、尼泊尔。

注：又名枯叶夜蛾。

雌　　雌

雌

雄

166. 白点朋闪夜蛾 *Hypersypnoides astrigera* (Butler, 1885)（江苏新纪录种）

鉴别特征：体长17～18mm，翅展35～42mm。雄虫触角双栉齿状，黑色或黄褐色。头、胸、腹部暗褐色杂灰色。前翅褐色，布细灰褐点及黑点；各横线黑色、细弱、锯齿形；中部具两淡黄斑，其内侧具一黄点；前缘具一列淡黄点；近翅外缘具一列淡黄小点。后翅褐色，基部色浅，亚端区为一褐宽带；外缘毛在前半部淡黄色、后半部褐色杂淡黄色。

寄主：麻栎。

分布：江苏（宜兴）、陕西、甘肃、浙江、福建、江西、四川、云南、海南、台湾；日本、朝鲜、韩国、俄罗斯。

雄

雄

雄

雄

雄

雄

167.粉点朋闪夜蛾 *Hypersypnoides punctosa* (Walker, 1865)（江苏新纪录种）

鉴别特征：体长22mm，翅展46mm。触角黄褐色线状。头部与胸部暗棕色，腹部黑灰色。前翅暗棕色，横线隐约可见，黑色，波浪形，近翅端较明显；近基部具一小白点或小环纹；外侧具深褐色的肾形纹，其外半中部有一明显小白圆斑，近翅外缘一列衬白的黑点。后翅暗褐色，基部色浅，向端部渐加深，近端部具波状浅色横线。

寄主：不详。

分布：江苏（宜兴）、湖南、福建、海南、云南；日本、印度。

雌　　雌

168.沟翅夜蛾 *Hypospila bolinoides* Guenée, 1852（江苏新纪录种）

鉴别特征：体长18～20mm，翅展35～39mm。触角黑褐色线状。头、腹部褐色，胸部黑褐色。前翅灰褐色，似霉变状；各横线黑色波浪形；翅面中部具深褐色肾形纹，内具一白点，外围褐色水墨状，其基侧具一黑点；翅端1/4处可见一黑直线，自前缘外侧1/5处向内斜达后缘；亚端区具一黑褐色波浪形曲带。后翅色与前翅相仿。

寄主：合欢。

分布：江苏（宜兴）、江西、山东、湖南、广东、海南、云南、香港、台湾；韩国、日本、越南、泰国、柬埔寨、印度、斯里兰卡、马来西亚、印度尼西亚、尼泊尔、巴布亚新几内亚、澳大利亚。

雄　　雄

雌

169.蓝条夜蛾 *Ischyja manlia* (Cramer, 1776)

鉴别特征：体长35～37mm，翅展85～86mm。触角深褐色线状。体红棕色至黑棕色。雄虫前翅基部颜色较暗；暗色区近前缘具两浅色斑纹，两侧黑色，近翅中央的斑纹内有黑点；两斑纹下部具一黑带，两端宽中央窄，终止于浅色区交界处，黑带内近两端各有一黄纹，使得端部呈三角形黑斑；端部浅色区域具黑色及浅色点斑；后翅外区有一粉蓝曲带，近臀角处具黑色细纹。雌虫前翅两浅色斑纹较小；后翅粉蓝带较雄虫宽。

寄主：榄仁树属、樟属；成虫吸食果汁。

分布：江苏（宜兴）、江西、山东、浙江、湖南、福建、广东、海南、广西、云南、香港、台湾；泰国、柬埔寨、越南、印度、缅甸、斯里兰卡、马来西亚、菲律宾、印度尼西亚、日本、尼泊尔。

雄

雄

170. 斑戟夜蛾 *Lacera procellosa* Butler, 1879

鉴别特征：体长24mm，翅展57mm。触角黄褐色线状。体暗棕色。前翅具波形黑色横线，翅中央下部具一黑边葫芦形大斑，斑内下半部分为黄褐色、内侧呈齿状；翅中央上部隐约可见一黄斑；外缘中央稍处凸，凸出处具一黑色斑，顶角前黑色。后翅棕色，亚端区中部一黄褐斑，端区具黑褐带。

寄主：云实属。

分布：江苏（宜兴）、湖南、江西、海南、广东、西藏、四川、香港、台湾；韩国、日本、泰国、斯里兰卡、菲律宾、印度、越南、缅甸、尼泊尔、印度尼西亚。

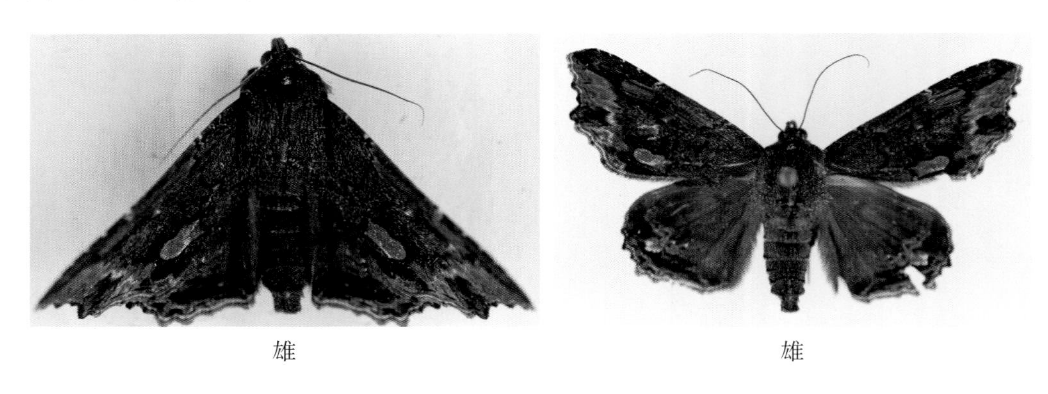

雄　　雄

171. 灰薄夜蛾 *Mecodina cineracea* (Butler, 1879)（江苏新纪录种）

鉴别特征：体长17mm，翅展42mm。触角暗褐色线状。体暗褐色，头、胸部背面暗褐色，腹部灰褐色。前翅暗褐色，横线黑色、波状，中部自前缘至后缘具一内侧平直外侧向外凸出的宽带纹，其基侧具一黑点，内嵌深褐色肾形纹；前缘近端部1/4处具大型三角形黑斑，其与顶角间具一深褐色三角形纵斑。后翅灰褐色，横线直。

寄主：天仙果、无花果。

分布：江苏（宜兴）、陕西、海南、江西、台湾以及西南地区；韩国、日本、印度、越南、印度尼西亚。

雄

雄

172. 云薄夜蛾 *Mecodina nubiferalis* (Leech, 1889)（江苏新纪录种）

鉴别特征：体长17mm，翅展36mm。触角褐色线状。头部与胸部褐色；腹部灰褐色，腹面黄色。前翅褐色，斑纹及横线均不明显，前缘色稍深，近顶角处具较大的三角形斑。后翅褐色，基部色浅，前缘区浅黄色，中部具2条波状横线，外区有一内弯的深褐色弧形窄带。

寄主：亚洲络石。

分布：江苏（宜兴）、河北；日本、朝鲜、韩国。

雄

雄

173. 紫灰薄夜蛾 *Mecodina subviolacea* (Butler, 1881)

鉴别特征：体长11mm，翅展21～24mm。触角线状，黄褐色或暗褐色。头部褐色带灰色，胸部背面灰褐色，腹部淡褐色。前翅褐色带灰色，前缘近基部1/3处具短条纹，其后连波状的横线；前缘中央至后缘中部具宽深褐色纹，其外缘中上部向外侧凸出；翅顶角之前具一近三角形斑，端缘的横线黑色，波状。后翅灰褐色至深褐色，隐约可见2条宽横带。本种个体之间色彩与斑纹常有变化。

寄主：亚洲络石。

分布：江苏、浙江、湖南、四川；日本、朝鲜、印度。

雄

雄

雌　　　　雌

174.红尺夜蛾 *Naganoella timandra* (Alphéraky, 1897)（江苏新纪录种）

鉴别特征：体长9～13mm，翅展20～28mm。触角线状，暗褐色或黄色。头部白色带桃红色，胸部桃红色，腹部除基节背面中央桃红色外呈黑灰色。前翅桃红色，具黑色细小点；基部具黄灰色横纹，纹中央偏白色；前缘端半部区域黄灰色，其内在前缘分布几个白点；自顶角发出一黄灰色斜带直至后缘中部，带纹中央偏白色；斜带外侧的横线细，灰白色。后翅桃红色，具黑色细小点；近前缘具灰黄色区域，向端部较窄，几乎达顶角；中部具灰黄色宽带，带纹中央偏白色；其内外两侧各具灰黄色横线。有些个体体翅黄褐色，翅面斑纹与红色个体相似。

寄主：不详。

分布：江苏（宜兴）、北京、江西、黑龙江、吉林、河北、河南、浙江、湖南；日本、朝鲜、韩国、俄罗斯。

雄　　　　雄

雄　　　　雄

雌　　雌

175. 嘴壶夜蛾 *Oraesia emarginata* (Fabricius, 1794)

鉴别特征：体长17～18mm，翅展30～40mm。触角黄褐色线状。头、胸部褐色杂黄色，腹部灰褐色。前翅棕褐色，沿前缘散布小横斑，外缘中部向外呈钝角状突，后缘中部弧形内凹；内凹处基侧具一深褐色斑纹；自顶角有黑线内斜。后翅灰褐色，翅脉及端区暗褐色。

寄主：成虫吸食桃、梨、苹果、柑橘、葡萄、黄皮等果汁。

分布：江苏、江西、山东、浙江、福建、广东、海南、广西、云南、香港、台湾；日本、朝鲜、韩国、印度、印度尼西亚、俄罗斯、尼泊尔、巴基斯坦、也门以及非洲。

雌　　雌

雌　　雌

176.鸟嘴壶夜蛾 *Oraesia excavata* (Butler, 1878)

鉴别特征：体长21～28mm，翅展41～55mm。雄虫触角褐色栉齿状，雌虫触角褐色线状。头部橙色，胸部赭褐色，腹部灰黄色，背面带褐色。前翅褐色带紫色，外缘中部向外呈弧形，后缘中部明显弧形内凹；各横线弱，波浪形；中脉黑棕色；自顶角一黑棕线内斜至翅外方2/3的中部；后翅黄色，翅脉及端区暗褐色，缘毛黄色。

寄主：成虫吸食苹果、梨、葡萄、无花果、桃、杧果、黄皮等果汁。

分布：江苏、江西、山东、浙江、湖南、福建、广东、海南、广西、云南、香港、台湾；日本、朝鲜、韩国、印度。

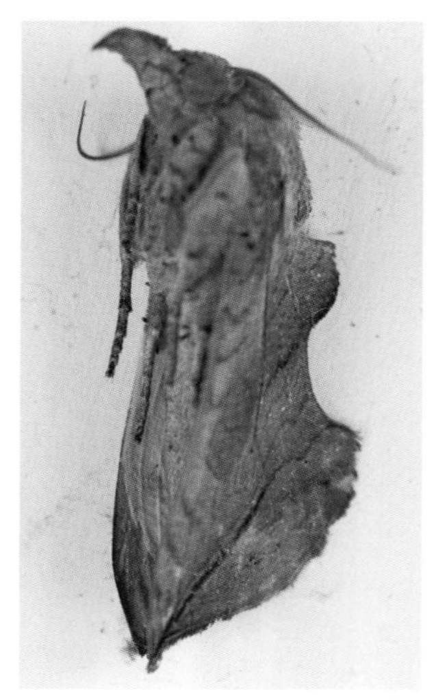

雄

雄

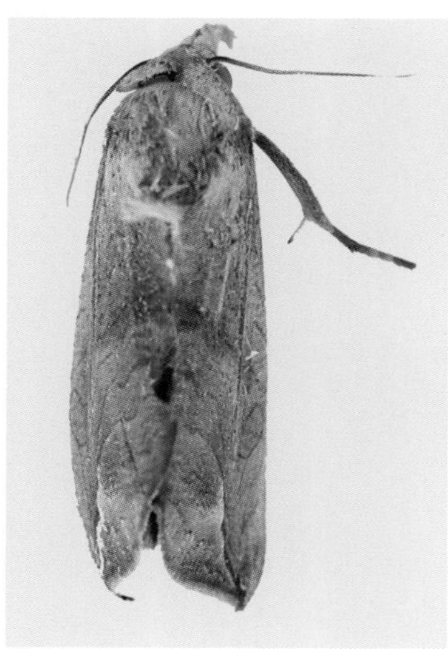

雌

雌

177. 暗影眉夜蛾 *Pangrapta disruptalis* (Walker, 1855)

鉴别特征：体长13～16mm，翅展31～37mm。触角黄褐色线状。头、胸及腹部暗褐色。前翅暗褐色；横线及斑纹较模糊，不甚清晰；外部2/3区域具黑褐带；外侧近顶角处有一灰白色大斑；缘毛端部灰色。后翅暗褐色，中线粗、黑色，外线双线黑色，缘毛端部灰色。

寄主：不详。

分布：江苏。

雄

雄

178. 白痣眉夜蛾 *Pangrapta lunulata* Sterz, 1915（江苏新纪录种）

鉴别特征：体长9mm，翅展21～24mm。触角线状，暗褐色或灰褐色。体灰褐色，头、胸部杂白色。前翅中部具一白色肾形纹，纹内一条暗褐曲线，肾形纹基侧具一较大的黑斑；肾形纹外侧具外凸的黑色横线，与翅之间散布不规则白斑，翅缘具一条黑线。后翅中部一大白斑被黑线分割成几个小白斑，亚端区及端区被黑线及黑色翅脉分割成2列白斑。

寄主：桦属。

分布：江苏（宜兴）、吉林、浙江、北京、河北、湖北、四川、台湾；日本、韩国、朝鲜、俄罗斯、印度。

雄

雄

雄 雄

雌 雌

179.苹眉夜蛾 *Pangrapta obscurata* (Butler, 1879)

鉴别特征：体长12mm，翅展25mm。触角暗褐色线状。体暗褐色，腹部微带灰色，足跗节间有白斑。前翅灰褐色带紫色，横线灰白色，多波状；前缘区有一三角形灰斑，斑内侧为灰白线；灰白斑下方外线衬灰白色；外缘下部1/3急剧向后缘收拢。后翅灰褐色，前缘区色浅，横线灰白色，波状。

寄主：苹果、梨。

分布：江苏（宜兴、南京）、江西、北京、黑龙江、河北、山东、湖南、台湾；日本、朝鲜、韩国、俄罗斯。

雄 雄

180.饰眉夜蛾 *Pangrapta ornata* (Leech, 1900)

鉴别特征：体长10mm，翅展23～24mm。触角线状，黄褐色或暗褐色。头、胸部紫褐色，腹部红棕色。前翅基半部灰褐色，端半部紫褐色，前缘黑色，近端部具一较大的三角形白斑，白斑前缘具几个黑点；端部具波状弯曲的横线。后翅紫红色，翅面中央具黑色粗横线，其外侧为双白色横线，前半不显，亚端部的横线黑色锯齿形，近翅外缘一黑线。

寄主：不详。

分布：江苏、浙江、湖北、湖南。

雄

雄

雌

雌

181.隐眉夜蛾 *Pangrapta suaveola* Staudinger, 1888（江苏新纪录种）

鉴别特征：体长12～13mm，翅展25～30mm。触角黄褐色线状。头、胸部暗褐色，腹部赭黄色。前翅紫灰色带褐色；各横线较宽，棕色至深褐色，波浪形；前缘区中部外方有一灰白色三角形斑，顶角有一灰色斑纹；两灰白斑之间为一向后方延伸的赭色长椭圆形斑；外缘赭黄色。后翅紫灰色带褐色，横线黑褐色，稍弯曲，翅缘具黑线。

寄主：不详。

分布：江苏（宜兴）、黑龙江；俄罗斯。

雄

雄

雌

雄

182.纱眉夜蛾 *Pangrapta textilis* (Leech, 1889)（江苏新纪录种）

鉴别特征：体长10mm，翅展25mm。触角黄褐色线状。体淡褐白色，有黑褐色细小点；腹部各节端部暗褐色。前翅中部横线双线形，黑褐色，外斜至中部折角向内斜，其折角处具一黑色纵纹伸达外缘中部；端缘具黑褐色线。后翅各横线黑褐色，亚端部具一列新月形斑，端线黑褐色。

寄主：不详。

分布：江苏（宜兴）、河北、福建；朝鲜。

雄

雄

183.三线眉夜蛾 *Pangrapta trilineata* (Leech, 1900)

鉴别特征：体长13～14mm，翅展27～28mm。触角黄褐色线状。头、胸部黄褐色杂黑棕色，腹部褐色、背面节间色深。前翅褐色，布黑色细小点，基部区域和端区带紫灰色，亚端区前部一片棕色；横线黑色波浪形，中部横线中前部向外斜；端缘具黑色线，缘毛棕色。后翅褐色，横线黑色，缘毛棕色。

寄主：不详。

分布：江苏、浙江、湖南、江西、广东、海南、贵州、四川。

雄

雄

184.浓眉夜蛾 *Pangrapta trimantesalis* (Walker, 1858)

鉴别特征：体长11～15mm，翅展27～36mm。触角黄褐色线状。头、胸部暗红褐色，腹部棕褐色。前翅深褐色带灰色，密布黑褐色细小点，基部色暗；横线黑色波浪形；前缘区在中部附近有一近半圆形灰色大斑；顶角具一灰白纹；外缘中部钝角形突出。后翅灰褐色，各横线黑褐色。

寄主：不详。

分布：江苏、北京、河北、浙江、福建、云南、贵州、江西；日本、朝鲜、印度、孟加拉国。

雄

雄

雄

雌

185.双线卷裙夜蛾 *Plecoptera bilinealis* (Leech, 1889)

鉴别特征：体长12～15mm，翅展30～32mm。雄虫触角褐色或黄色双栉齿状，雌虫触角黄褐色线状。头部黄褐色，胸部灰褐色，腹部黄褐色。前翅灰褐色，前缘暗褐色，翅基部1/3及端部1/3分别具自前缘伸向后缘的宽横线，两线之间具一前一后两黑点；顶角处具数个黑点。后翅灰褐色，端缘具宽黑带。雌虫前翅小黑点数量较雄虫稍多。

寄主：不详。

分布：江苏、浙江、河南、甘肃、陕西。

雄　雄

雌　雌

雌　雌

186.纯肖金夜蛾 *Plusiodonta casta* (Butler, 1878)

鉴别特征：体长14mm，翅展22mm。触角黄褐色线状。头、胸部黄褐色，腹部灰黄色。前翅浅褐色；基部具金色大斑，中部具大型肾形纹，外围淡白色，其下方亦具金色斑；顶角淡灰白色，并向下延伸至外缘中部附近，形成一短波状线；横线褐色至黑色，波状。后翅浅褐色，基部色浅。

寄主：蝙蝠葛。

分布：江苏、河北、黑龙江、山东、浙江、湖北、湖南、福建；日本、朝鲜。

雄

雄

187.肖金夜蛾 *Plusiodonta coelonota* (Kollar, 1844)

鉴别特征：体长13～16mm，翅展19～28mm。触角暗褐色线状。头、胸部褐黄色杂少许白色，腹部灰褐色。前翅金色带褐色；翅基部及近端部散布椭圆形黄色斑，有时这些斑相互连接成不规则大斑；翅中部具大型肾形纹，外围深褐色线；顶角有一白纹，其后有一黑棕纹；自顶角处发出一条黑色波状斜线，伸达肾形纹下方；后缘中部宽弧形内凹。后翅灰褐色，前缘区基部色浅，缘毛白色。

寄主：柑橘、桃、梨、葡萄等果实。

分布：江西、福建、台湾以及华东地区；朝鲜、韩国、日本、马来西亚、越南、印度、缅甸、印度尼西亚、斯里兰卡、尼泊尔。

注：又名彩肖金夜蛾、暗肖金夜蛾。

雄

雄

雌

雌

雌

雌

188.曲线纷夜蛾 *Polydesma boarmoides* Guenée, 1852（江苏新纪录种）

鉴别特征：体长22mm，翅展48mm。触角灰黑色线状。头部灰色，胸部褐色，腹部淡褐色。前翅淡褐色，前缘具5个三角形黑斑，分别与后方的黑色波状横线相连；近端部的横线淡褐色，近外缘具一列黑斑。后翅褐色，横线黑褐色，多呈波状，外缘具一列黑纹。

寄主：雨树、金合欢树、牛蹄豆。

分布：江苏（宜兴）、云南、广东、香港、台湾；日本、印度、印度尼西亚、澳大利亚、朝鲜、韩国以及太平洋地区。

雌

雌

189.清绢夜蛾 *Rivula aequalis* (Walker, 1863)（大陆新纪录种）

鉴别特征：体长13mm，翅展23mm。触角灰褐色线状。体灰褐色。前翅灰褐色，散布不规则小黑点；前缘具窄黑边，各横线不明显；翅中部偏基侧具数个小黑斑，外侧亦具小黑斑，亚端部及翅外缘具成列的小黑斑。后翅灰褐色，外缘具数个小黑斑。

寄主：孟宗竹、桂竹、紫竹、川竹。

分布：江苏（宜兴）、台湾；日本。

雄

雄

雄

雄

190.暗绢夜蛾 *Rivula inconspicua* (Butler, 1881)（江苏新纪录种）

鉴别特征：体长9mm，翅展20mm。触角暗褐色线状。头、胸部黄褐色，腹部褐色。前翅灰褐色，前缘嵌白色短斜纹，翅中部附近具一前一后两个小黑点，外镶深褐色纹，内侧角与一淡色横线的外凸部分相连，顶角稍前方具一通向后缘稍呈波状的淡色横线，端缘具一列白色斑点。后翅褐色，前缘色淡，近外缘处色较深，端缘具黑线。

寄主：求米草。

分布：江苏（宜兴）；朝鲜、韩国、日本。

雄

雄

191.绢夜蛾 *Rivula sericealis* (Scopoli, 1763)

鉴别特征：体长7mm，翅展15mm。触角淡黄色线状。头、胸部淡黄色，腹部黄白色。前翅淡黄色至黄褐色；横线细弱；翅中前部肾形纹灰黑色，具有2个黑点；外缘近顶角具一黑点。

寄主：短柄草。

分布：江苏、江西、山东、四川、北京、黑龙江、贵州、台湾；朝鲜、韩国、日本以及欧洲。

雄

雄

192.坎仿桥夜蛾 *Rusicada privata* (Walker, 1865)（江苏新纪录种）

鉴别特征：体长16mm，翅展39mm。触角棕褐色线状。头、胸部黄褐色，腹部灰褐色。前翅橙黄色，基部1/3处具一波状横线，其基侧具较短的紫红棕线，外侧具一白点，白点外围深褐色，白点外侧具肾形纹，外侧内凹，内侧与一较直的横线相连，伸达翅的后缘；肾形纹外侧的横线仅前端清晰，波曲状，翅外缘中部外突成钝齿状，缘毛橙黄色，端部白色。后翅褐色，端区色较暗。

寄主：棉；成虫吸食杧果、黄皮、柑橘的果汁。

分布：江苏（宜兴）、山东、浙江、福建、江西、广东、四川、云南、台湾；韩国、朝鲜、日本、俄罗斯、印度、斯里兰卡、缅甸、印度尼西亚以及大洋洲、美洲、太平洋地域。

注：据韩辉林等（2020）研究，《中国动物志　昆虫纲　第十六卷　鳞翅目　夜蛾科》记载的坎桥夜蛾引用的学名 *Anomis commoda* Butler, 1878是本种无效异名。本书中该种中文名与学名，源自韩辉林等修订。

雄

雄

193. 铃斑翅夜蛾 *Serrodes campanus* (Guenée, 1852)（江苏新纪录种）

鉴别特征：体长35mm，翅展70mm。触角黄褐色线状。体灰褐色。前翅中段浅褐灰色，基部区域及外线外方暗褐色带紫色；中部外侧前缘区具一黑褐三角形斑，其下方隐约可见由白点围成的肾形纹；横线黑色。后翅灰褐色，中部一白色宽纹，外半部黑褐色。

寄主：无患子；成虫吸食果汁。

分布：江苏（宜兴）、浙江、广东、海南、四川、云南；印度、孟加拉国、缅甸、斯里兰卡、印度尼西亚以及大洋洲、非洲。

注：又名斑翅夜蛾。

雌

雌

194.粉蓝析夜蛾 *Sypnoides cyanivitta* (Moore, 1867)（江苏新纪录种）

鉴别特征：体长21mm，翅展50mm。触角黄褐色线状。头部与胸部褐棕色，腹部暗褐色。前翅黄褐色，前缘基部1/3及中部分别具2条粉蓝色横线伸至后缘，近端缘附近散布一列黑色斑点。后翅黄褐色，隐约可见波状横线，端线黑褐色。

寄主：不详。

分布：江苏（宜兴）、河南、四川；印度、孟加拉国。

雄

雄

195.异析夜蛾 *Sypnoides fumosa* (Butler, 1877)（江苏新纪录种）

鉴别特征：体长18mm，翅展43mm。触角黄褐色线状。体暗褐色；复眼下方有一黑褐三角形斑。前翅暗褐色；翅面基部1/3处及翅面中央具白色双线形横线组成的"H"形斑，其间具白色圆形斑，外侧隐约可见与横线紧密相连的肾形斑；近端缘具黑色波状横线及一列月牙形斑；外缘呈锯齿状。后翅暗褐色，近端部具深褐色带纹。

寄主：不详。

分布：江苏（宜兴）、江西、湖南、广东、香港；日本、俄罗斯、朝鲜、韩国。

注：又名异纹析夜蛾。

雄

雄

雄

雌

196.肘析夜蛾 *Sypnoides olena* (Swinhoe, 1893)

鉴别特征：体长22mm，翅展49mm。雄虫触角黄褐色双栉齿状，雌虫触角黄褐色线状。头、胸部褐色，腹部黄褐色、背面褐色。前翅棕褐色，翅基部具两条黑色横线，前端较模糊，后端清晰，翅面中央隐约可见波状横线；顶角发出黑色略"之"字形横线，通达臀角；外缘具一列白点。后翅褐色，端半部具深褐色横线，外缘具一列黑点。

寄主：不详。

分布：江苏、陕西、浙江、福建、云南、四川、贵州、西藏。

注：又名肘闪夜蛾。

雄　　雄

雌　　雌

197.单析夜蛾 *Sypnoides simplex* (Leech, 1900)（江苏新纪录种）

鉴别特征：体长18～19mm，翅展38～45mm。雄虫触角黄褐色双栉齿状，雌虫触角黄褐色线状。头、胸部褐色杂灰色；腹部暗褐色。前翅淡褐色，具黑色细小点；翅中部具两双线纹，双线纹之间中上部环纹为一白点；前缘区近顶角具一黑斑，其内下侧具一大黑斑，再其后具黑色波浪形纹；近外缘具一列黑点。后翅淡褐色，隐约可见黑色双线，近外缘具一列黑点。

寄主：不详。

分布：江苏（宜兴）、陕西、福建、湖南、浙江、广西、四川。

注：又名单闪夜蛾、闪夜蛾。

雄　　雄

雌　　雌

毛夜蛾亚科 Pantheinae

198.缤夜蛾 *Moma alpium* (Osbeck, 1778)

鉴别特征：体长11～16mm，翅展29～30mm。触角线状，深褐色或黄褐色。头部及胸部绿色，胸部背面有黑毛，足淡褐色，腹部淡褐色，毛簇黑色。前翅绿色，前缘近翅基部有一黑斑。近翅基部有一黑带，在黑带中部位置紧缩并折成角，翅面中央与翅基部的中间具一黑色斑，其后端为一白点，翅中央具黑色锯齿形状横纹，翅面中央具一白色肾形纹，其中央及内缘各有一黑色弧线，近外缘具不规则锯齿状黑色双线纹，翅顶角区域大部褐色。

寄主：山毛榉、桦以及栎属。

分布：江苏、陕西、甘肃、河北、江西、山东、湖北、福建、四川、云南以及东北地区；日本、朝鲜、韩国、印度以及欧洲、外高加索地区。

雄

雄

雌

雌

金翅夜蛾亚科 Plusiinae

199. 南方银纹夜蛾 *Chrysodeixis eriosoma* (Doubleday, 1843)（江苏新纪录种）

鉴别特征：体长13～17mm，翅展32mm。触角淡黄色线状。头部及胸部赭褐色，腹部灰褐色。前翅赤褐色，近翅基部有银色波浪形双线纹，翅面中央具一赤褐色微带金色肾形斑，翅面中央与翅基部中间具一斜圆形褐色纹，其后有一马蹄形银斑，中央赤褐色，此斑后方连一小银点，近外缘有赤褐色双线纹，线间金色。后翅暗褐闪金光。

寄主：鹰嘴豆、苜蓿、玉米、马铃薯、向日葵、大豆、烟草、菜豆、甘蓝、黄瓜、豌豆、番茄、菊花、大丽花等。

分布：江苏（宜兴）、福建、广东；澳大利亚、新西兰、柬埔寨、印度、印度尼西亚、日本、朝鲜、马来西亚、缅甸、菲律宾、斯里兰卡、泰国、越南、斐济、巴布亚新几内亚、汤加以及太平洋岛屿的热带和亚热带区域。

雄　雄

雄　雌

雌　　　　雌

200.银纹夜蛾 *Ctenoplusia agnata* (Staudinger, 1892)

鉴别特征：体长17mm，翅展34mm。触角黄色线状。头部黄褐色，触角黑褐色；胸部黄褐色；腹部背毛簇深黄褐色，雄蛾腹部第7节两侧具长毛簇。前翅黄褐色，翅面布有黑色或褐色小点；近翅基部的横线银色，内侧有2个黑点，其外侧端有黑褐色斑纹，翅中央近后缘有一“U”字形银纹和一卵圆形银斑组成；翅中部及近外缘区域具强烈金属闪光。后翅暗褐色，缘线黄色，缘毛灰白色。

寄主：大豆以及十字花科蔬菜。

分布：全国各地；日本、朝鲜、韩国、俄罗斯、越南、菲律宾、印度尼西亚、印度、尼泊尔。

雄

雄

201.白条夜蛾 *Ctenoplusia albostriata* (Bremer et Grey, 1853)

鉴别特征：体长13～17mm，翅展28～35mm。触角灰褐色线状。头、胸部暗褐色，胸、腹部具高耸的毛丛，胸部尤为显著，背面呈“V”字形。前翅中部具一黄白色斜条，偶颜色较深而不明显，肾形纹黑边细，亚端线黑色、锯齿形。

寄主：菊科植物。

分布：江苏、江西、北京、陕西、河北、山东、安徽、湖北、湖南、福建、广东、香港、台湾以及东北地区；日本、朝鲜、韩国、俄罗斯、印度、印度尼西亚以及大洋洲。

注：又名白条银纹夜蛾。

雄

雄

雌

雌

202.暗榴珠纹夜蛾 *Erythroplusia pyropia* (Butler, 1879)（江苏新纪录种）

鉴别特征：体长12mm，翅展24mm。触角黄褐色线状。头部黄褐色，胸部前端黄褐色，后端黑色，腹部灰褐色。前翅红褐色，翅中部具2个银白斑，基斑从基部向端部逐渐膨大，外斑椭圆形；两白斑的基侧具白色横线，外侧具深褐色横线，较直，再外侧为深褐色波状横线；白斑与翅外角之间灰白色。后翅灰褐色，基部色淡，端部色稍深。

寄主：水芹、萨哈林乌头。

分布：江苏（宜兴）、云南、西藏、四川、广西、台湾；朝鲜、韩国、日本、俄罗斯、巴基斯坦、印度、尼泊尔、不丹。

雌

雌

203.淡银锭夜蛾 *Macdunnoughia purissima* (Butler, 1878)

鉴别特征：体长14～16mm，翅展30～35mm。触角灰黄色线状。体及前翅灰褐色，后胸及第1腹节各具黑褐色毛簇；前翅内线后半黑褐色，翅中部具2个银斑，分离，中室端部有1个暗褐斑，外线黑褐色，线及内侧染锈红色。后翅淡褐色，端半部色深。

寄主：艾。

分布：江苏、北京、陕西、河北、湖北、四川、贵州；日本、朝鲜、俄罗斯。

注：又名淡银纹夜蛾。

雄

雄

雄

雌

204.中金弧夜蛾 *Thysanoplusia intermixta* (Warren, 1913)（江苏新纪录种）

鉴别特征：体长17mm，翅展36mm。触角黄褐色线状。头部棕黄色，胸部黄褐色，背板及背毛簇黄褐色，足黄褐色；腹部暗黄褐色，第4节两侧长毛簇棕黄色，到达腹末。前翅黄褐色，近翅基部的横线为金色，其内外两侧黄色；翅面中央具一黄褐色肾形纹，边缘线金色；翅面中央与翅基部的中间具一黄褐色环形纹，边缘线金色；其内侧方具金色波状横线，肾形纹的外侧方具前半段褐色，明显，后半段很不清晰的横线，近外缘具黄褐色横线纹，缘毛黄褐色；翅中部下方及近外缘区域为金黄色，具强烈金属闪光。

寄主：胡萝卜、菊、蓟、牛蒡等。

分布：江苏（宜兴）、贵州、陕西、湖北、重庆、四川、台湾以及东北地区、华北地区。

注：又名中金翅夜蛾、中弧金翅夜蛾。

雄

雄

皮夜蛾亚科 Sarrothripinae

205.柿癣皮夜蛾 *Blenina senex* (Butler, 1878)

鉴别特征：体长17～20mm，翅展32～39mm。触角线状，褐色或暗褐色。头、胸及腹部褐灰色。雄虫前翅褐色，基部黑色，前缘中部具黑褐色斑，后缘近外角处具不规则斑。后翅深褐色，中部隐约可见一条横带，端缘具黑褐色宽带。雌虫前翅与雄虫相似，但自翅基至翅后角具一条黑色波状条纹，后翅与雄虫相似。

寄主：柿。

分布：江苏、陕西、浙江、湖南、江西、福建、广西、四川、云南、海南、台湾；日本、朝鲜、韩国、俄罗斯、越南、泰国。

雄

雄

雄　雄

雄　雄

雄　雄

雌 雌

雌 雌

206.旋夜蛾 *Eligma narcissus* (Cramer, 1775)

鉴别特征：体长25～28mm，翅展58～70mm。触角灰黑色线状。头部及胸部淡灰褐色，微带紫色。腹部杏黄色，各节背面中央具一黑斑。前翅前缘区黑色，其后缘弧形并衬以白边，其余褐灰色，翅基部散布细小黑点，翅中部白色弧形斑至后缘中部有一波浪形黑线，外缘具一列黑斑。后翅大部杏黄色，端区具一蓝黑色宽带。

寄主：臭椿、桃。

分布：江苏、河北、山东、山西、湖北、湖南、浙江、福建、四川、云南；日本、印度、马来西亚、菲律宾、印度尼西亚。

注：又名旋皮夜蛾。

雄　雄

雌　雌

207. 缘斑赖皮夜蛾 *Iscadia uniformis* (Inoue et Sugi, 1958)

鉴别特征：体长22～23mm，翅展45～51mm。触角线状，黄褐色或暗褐色。头部及胸部灰色杂褐色；腹部浅灰褐色。前翅灰褐色至棕褐色，基部具黑褐色宽带，内嵌黑色线条，并向外侧稍延伸；前缘中部及外侧具大小不等的深褐色斑，后角附近具不规则深褐色斑；翅中部具深褐色圆斑，其外侧向外延伸成尖角的黑色肾形纹。后翅淡黄褐色至褐色，端缘色深，缘毛黄白色。

寄主：乌桕。

分布：江苏、浙江、江西、广东、广西、湖北、湖南、福建、贵州、海南、台湾；韩国、印度、缅甸、越南、新加坡、印度尼西亚以及南太平洋诸岛。

注：又名乌桕癞皮蛾。

雄　　雄

雌　　雌

208.洼皮夜蛾 *Nolathripa lactaria* (Graeser, 1892)（江苏新纪录种）

鉴别特征：体长11～13mm，翅展20～30mm。触角灰黑色线状。头部白色；胸部背面黑褐色，有时中间具一边界不清晰的白斑；腹部褐色。前翅基半部白色，端半部深褐色，黑白交界处的基前端黑色，外侧具一列黑点，近端部处具波状横线，端缘线双线形。后翅白色，端区浅褐色。

寄主：胡桃楸以及核桃科。

分布：江苏（宜兴）、辽宁、黑龙江、河北、河南、陕西、湖南、江西、海南、四川；俄罗斯、日本。

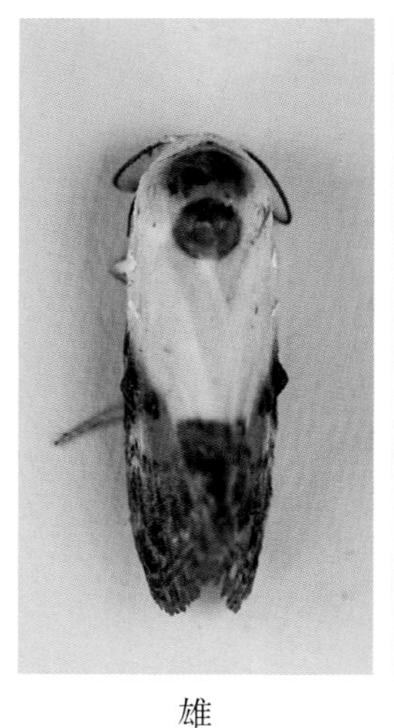

雄

雄

209. **曲皮夜蛾** *Nycteola sinuosa* (Moore, 1888)（江苏新纪录种）

鉴别特征：体长9～10mm，翅展22～24mm。触角灰褐色线状。头、胸部深褐色，腹部褐色至深褐色。前翅褐色，前缘具黑白相间外斜的短带，基半部中央色淡，后缘附近及端半部散布黑色斑点，端缘脉间具列黑点。后翅灰褐色，基部色淡。

寄主：不详。

分布：江苏（宜兴）、广东、香港；印度以及马来西亚半岛、印度尼西亚爪哇岛、婆罗洲岛。

雌

雌

雌

雌

雌

210. 显长角皮夜蛾 *Risoba prominens* Moore, 1881

鉴别特征：体长13～17mm，翅展25～30mm。雄虫触角暗褐色锯齿状，雌虫触角暗褐色线状。头部黑色；胸背灰白色，后缘棕褐色；腹背前两节白色，第三节前缘棕色，余褐色。前翅黑褐色带霉绿色，基部有白色纵斑，中部自前缘至后缘具一大致为三角的灰褐色斑，斑的内侧隐约可见肾形纹，顶角附近沿翅脉加黑，其内侧具顶端弯曲的三角形黑斑；各横线波状弯曲。后翅基部色淡，端半部黑褐色。

寄主：杨梅。

分布：江苏、江西、河北、山东、湖北、湖南、浙江、福建、广西、海南、云南、四川、台湾；印度、缅甸、朝鲜、韩国、泰国、老挝、越南、菲律宾、马来西亚、新加坡、尼泊尔、日本。

雄　雄

雌　雌

毒蛾科 Lymantriidae

毒蛾亚科 Lymantriinae

1.茶白毒蛾 *Arctornis alba* (Bremer, 1861)

鉴别特征：体长19mm，翅展39mm。触角双栉齿状，触角干白色、栉齿黄白色；头部白色，额和触角基部浅赭黄色，胸、腹部白色。前翅白色，有光泽；翅中部近前缘1/3处具一赭黑色圆点。后翅白色。

寄主：茶、油茶、柞、蒙古栎、榛。

分布：江苏、河北、浙江、安徽、福建、江西、山东、河南、湖北、湖南、广东、广西、四川、贵州、云南、陕西、台湾以及东北地区；朝鲜、日本、俄罗斯。

注：又名茶叶白毒蛾、白毒蛾。

雄

雄

2.安白毒蛾 *Arctornis anserella* (Collenette, 1938)（江苏新纪录种）

鉴别特征：体长17mm，翅展38mm。触角黄白色双栉齿状。头、胸部白色，腹部黄褐色至深褐色。前翅白色，外缘呈弧形，其长与后缘近相等，翅面中央稍前方有一黑色圆点。后翅白色。

寄主：茶。

分布：江苏（宜兴）、浙江、福建、江西、湖北、湖南、广西、贵州、云南、陕西。
注：又名直角点足毒蛾。

雌

3.齿白毒蛾 *Arctornis dentata* (Chao, 1988)（江苏新纪录种）

鉴别特征：体长13mm，翅展27mm。触角白色双栉齿状。头、胸部黄褐色，腹部深褐色。前翅和后翅白色，前翅中室末端具一黑棕色点，缘毛浅棕黄色。
寄主：不详。
分布：江苏（宜兴）、四川、云南。
注：又名齿点足毒蛾。

雌

4.茶黄毒蛾 *Arna pseudoconspersa* (Strand, 1914)

鉴别特征：体长雄9～10mm，雌12～13mm；翅展雄21～24mm，雌30～32mm。触角黄色双栉齿状。雄虫体及前后翅棕褐色，稀布黑色鳞片；前翅前缘橙黄色，前后端各一橙黄色线，顶角具大橙黄色斑，内有两圆形黑点，臀角具橙黄色斑。雌虫体及前后翅黄褐色；前翅除前缘、顶角及臀角外，稀布黑褐色鳞片，顶角黄斑内有两圆形黑点。

寄主：茶、油茶、柑橘、樱桃、柿、枇杷、梨、乌桕、油桐、玉米等。

分布：江苏、浙江、安徽、福建、江西、湖北、湖南、广东、广西、四川、贵州、云南、西藏、陕西、甘肃、台湾；日本。

注：又名茶毒蛾、茶毛虫、茶蛅蟖。

雄

雄

雄

雄

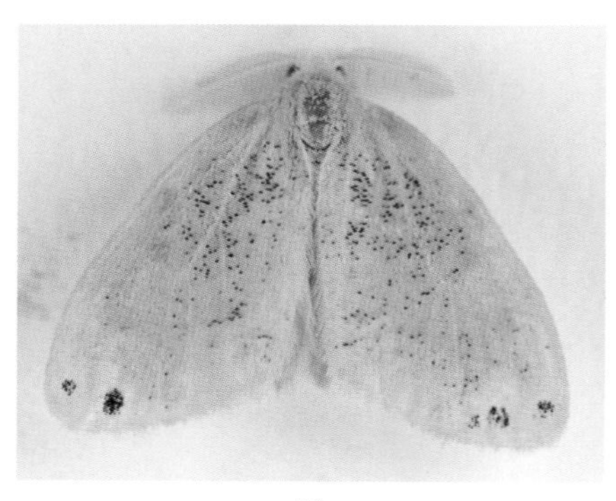
雌

雌

5.点窗毒蛾 *Carriola diaphora* (Collenette, 1934)

鉴别特征：体长13～15mm，翅展25～38mm。触角双栉齿状，触角干白赭黄色，栉齿黄褐棕色。头部红棕色，胸、腹部黄白色，略带棕色。前翅白赭黄色，均匀杂有棕色；中部近前缘1/3处具深棕色斑纹；外缘前半部具一列棕色点；缘毛棕色。后翅中部具一棕色环纹。

寄主：不详。

分布：江苏、浙江、江西、广东、海南。

雄

雄

雄

雄

6.岩黄毒蛾 *Euproctis flavotriangulata* Gaede, 1932

鉴别特征：体长11mm，翅展25mm。触角淡黄色双栉齿状。头、胸部黄色，腹部棕黑色，体腹面和足黄色。前翅底色黄色，中部具一棕色不规则形大斑，大斑外缘中部向外突出，突出处具一棕色斑点；顶角具一棕色小斑点；缘毛黄色。后翅黑棕色，翅边缘和缘毛黄色。

寄主：核桃。

分布：江苏（宜兴）、北京、浙江、福建、湖南、四川、云南、陕西。

雄

雄

7.豆盗毒蛾 *Euproctis piperita* (Oberthür, 1880)

鉴别特征：体长9～13mm，翅展23～30mm。触角黄色双栉齿状，雄虫栉齿较长，雌虫栉齿较短。体柠檬黄色。前翅柠檬黄色；从基部到亚外缘具一不规则棕色大斑，上散布黑褐色鳞片；翅顶有两棕色小斑；缘毛柠檬黄色；后缘中央有黑色长毛。后翅浅黄色。

寄主：楸、茶以及豆类。

分布：江苏、河北、山西、内蒙古、浙江、安徽、福建、江西、山东、河南、湖北、湖南、广东、四川、陕西以及东北地区；朝鲜、日本、俄罗斯。

注：又名并点黄毒蛾。

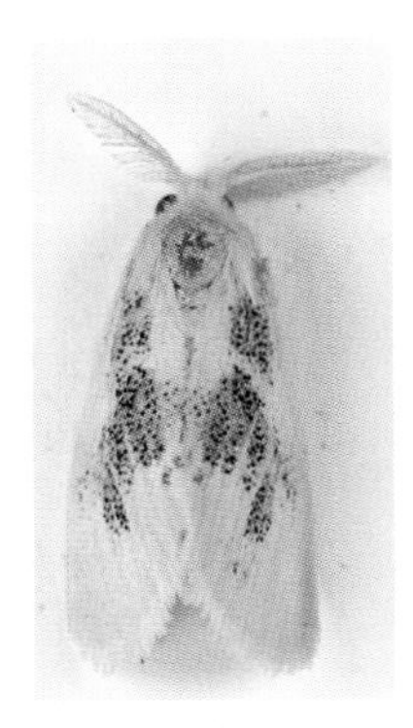
雄

雄

雄

雄

雌

雌

8.双线盗毒蛾 *Euproctis scintillans* (Walker, 1856)（江苏新纪录种）

鉴别特征：体长8～11mm，翅展22～28mm。触角黄色双栉齿状。头部橙黄色，胸部浅黄棕色，腹部褐黄色。前翅赤褐色微带浅紫色闪光；外缘和缘毛黄色，部分被赤褐色部分分隔成3段。后翅黄色。

寄主：荔枝、刺槐、枫、茶、柑橘、梨、龙眼、黄檀、泡桐、枫香、栎、乌桕、蓖麻、玉米、棉花和十字花科植物。

分布：江苏（宜兴）、浙江、福建、湖南、广东、广西、四川、云南、陕西、河南、台湾；缅甸、马来西亚、新加坡、印度尼西亚、巴基斯坦、印度、斯里兰卡。

注：又名棕衣黄毒蛾。

雄 雄

雄 雄

9.盗毒蛾 *Euproctis similis* (Fueszly, 1775)

鉴别特征：体长11～13mm，翅展23～31mm。触角双栉齿状，黄色或白色，雄虫栉齿较长，雌虫栉齿较短。头、胸、腹部基半部白色微带黄色，腹部其余部分和肛毛簇黄色。前翅白色；前缘黑褐色；后缘具两褐色斑，有的个体内侧褐色斑不明显。后翅白色。

寄主：柳、杨、桦、白桦、榛、山毛榉、栎、蔷薇、李、山楂、苹果、梨、花楸、桑、石楠、忍冬、马甲子、樱、洋槐、桃、梅、杏、泡桐、梧桐等。

分布：江苏、河北、内蒙古、浙江、福建、江西、山东、河南、湖北、湖南、广西、四川、陕西、甘肃、青海、台湾以及东北地区；朝鲜、日本、前苏联以及欧洲。

注：又名黄尾毒蛾、金毛虫、桑叶毒蛾、桑毛虫。

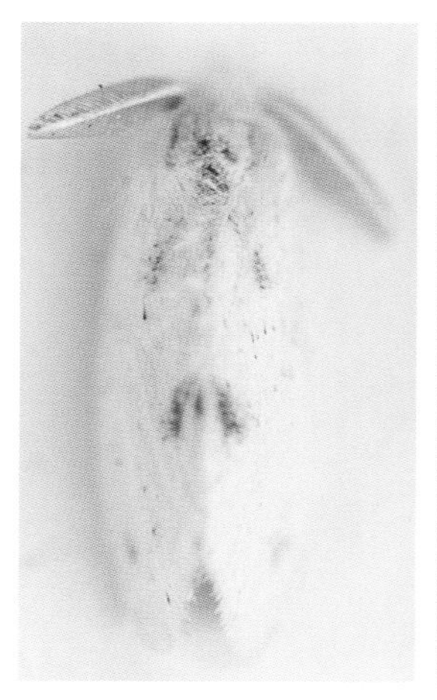

雄

雄

雄

雌

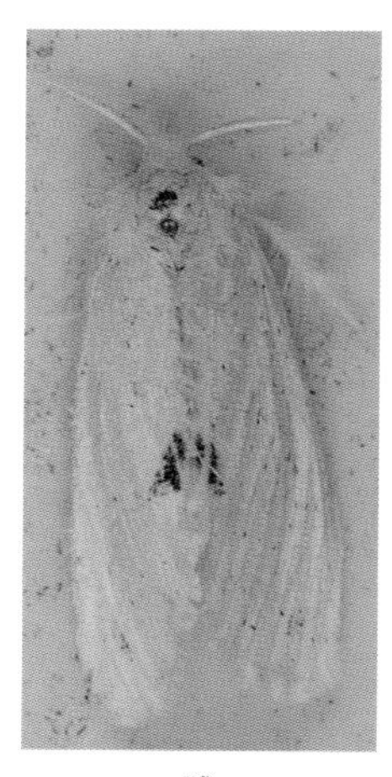

雌

雌

10. 北部湾黄毒蛾 *Euproctis tonkinensis* Strand, 1918（江苏新纪录种）

鉴别特征：体长13～15mm，翅展31～38mm。触角黄色双栉齿状。头、胸部浅黄棕色；腹部浅黄棕色至浅黄色，肛毛簇浅黄棕色。前翅浅棕黄色；中部近前缘具一直径约1mm的黑色圆点；中部在黑色圆点外方位置具一棕色鳞片组成的污点状中带，中带顶端不达前缘，在黑色圆点至顶角方向向外折角，后斜至后缘中央，中带约2mm宽；缘毛浅黄色。后翅黄白色，后缘区浅黄色并具浅黄色缘毛。

寄主：不详。

分布：江苏（宜兴）、海南；越南。

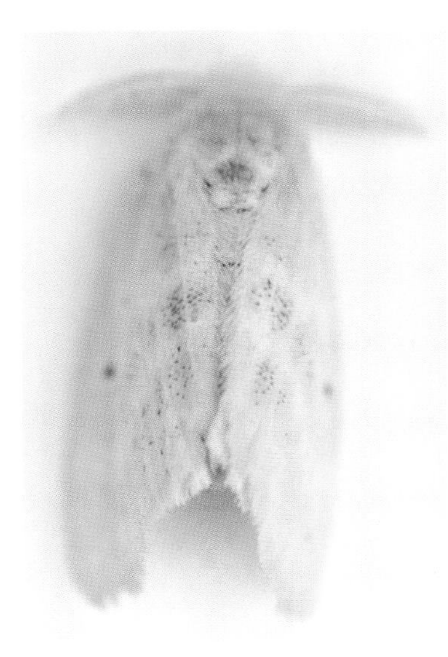

雄

雄

雄

雄

11.幻带黄毒蛾 *Euproctis varians* (Walker, 1855)

鉴别特征：体长10～11mm，翅展18～30mm。触角褐色双栉齿状。体橙黄色。前翅黄色；翅面有两黄白色线，近平行，两线间色较浓。后翅浅黄色。

寄主：柑橘、茶、油茶。

分布：江苏、北京、陕西、河北、山西、河南、山东、上海、安徽、浙江、福建、湖北、湖南、广西、广东、四川、云南、台湾；马来西亚、印度。

注：又名台湾茶毛虫。

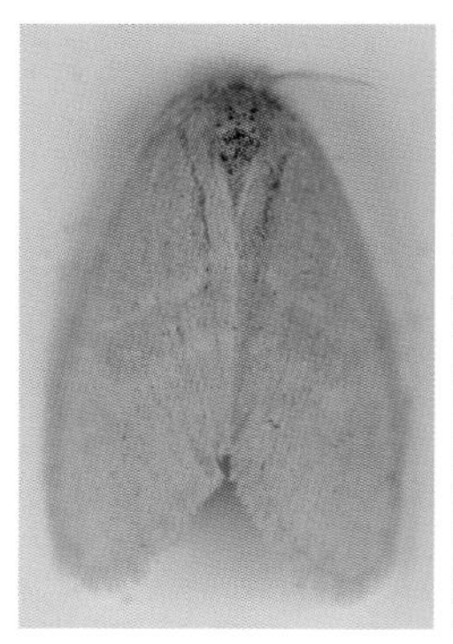
雌

雌

12.杨雪毒蛾 *Leucoma candida* (Staudinger, 1892)

鉴别特征：体长15～20mm，翅展41～45mm。触角灰褐色双栉齿状。体白色，足白色有黑环。前翅白色有光泽、不透明，鳞片宽排列紧密；前缘和基部微带黄色。后翅白色。

寄主：杨、柳。

分布：江苏、河北、山西、浙江、安徽、福建、江西、山东、河南、湖北、湖南、四川、云南、陕西、甘肃、青海以及东北地区；朝鲜、日本、蒙古、俄罗斯。

注：又名柳毒蛾。

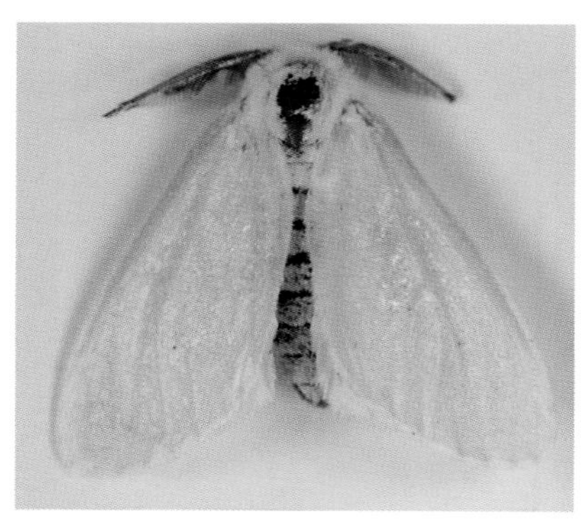
雄

雄

雄

雄

雌

13.雪毒蛾 *Leucoma salicis* (Linnaeus, 1758)

鉴别特征：体长18mm，翅展40mm。触角黄褐色双栉齿状。体白色微带黄色，复眼外侧及下面黑色，足白色有黑环。前翅白色有光泽、微透明，稀布鳞片，鳞片较狭窄；有时前缘和基部微带黄色。后翅白色。

寄主：杨、柳、榛、槭、杜松。

分布：江苏、河北、内蒙古、陕西、山西、青海、宁夏、甘肃、新疆、西藏以及东北地区；蒙古、朝鲜、日本以及欧洲、北美洲。

注：又名柳叶毒蛾、柳毒蛾、杨毒蛾。

雄

14.条毒蛾 *Lymantria dissoluta* Swinhoe, 1903

鉴别特征：体长雄13～14mm，雌16～22mm；翅展雄28～30mm，雌40～51mm。雄虫触角褐色栉齿状且栉齿较长；头部灰棕色，胸部暗棕色带灰色，腹部淡灰色；前翅灰棕色，中部具一短条纹；后翅灰棕色微带黄色，外缘暗棕色。雌虫触角黑色栉齿状，栉齿较短；头、胸部黑褐色，腹部粉红灰色；前翅灰色，斑纹黑褐色，具4条不清晰的黑褐色锯齿形线，中部近前缘可见角状黑色纹，端部具一列黑褐色斑点，缘毛灰色与黑褐色相间；后翅灰色。

寄主：马尾松、油松、柏、栎、黑构等。

分布：江苏、浙江、安徽、福建、江西、湖北、湖南、广东、广西、四川、云南、香港、台湾。

注：又名川柏毒蛾。

雄

雄

雌

雌

15.杧果毒蛾 *Lymantria marginata* Walker, 1855

鉴别特征：体长雄23～28mm，雌25～27mm；翅展雄49～50mm，雌59～65mm。雄虫触角黑色双栉齿状，栉齿较长；头部黄白色，复眼周围黑色，胸部灰黑色带白色和橙黄色斑，腹部橙黄色，背面和侧面有黑斑，肛毛簇黑色；前翅黑棕色；前缘中部内侧下方具一黄白斑，其上有一黑点，近后缘外侧具一浅色区，翅中部外侧具锯齿形线；后翅棕黑色，外缘具一列白色点。雌虫触角黑色双栉齿状，栉齿较短；头、胸部黄白色有橙黄色和黑色斑，腹部橙黄色，背面和侧面具黑色横带；前翅黄白色具棕黑色斑纹，基部具一棕黑色斑，翅面具3条相接的锯齿形线，外缘具一棕黑色带，其上有白斑；后翅黄白色，外缘具棕黑色宽带。

寄主：杧果。

分布：江苏（宜兴）、浙江、福建、江西、广东、广西、四川、云南、陕西；印度。

注：又名黑边花毒蛾。

雄

雄

雌

雌

16.栎毒蛾 *Lymantria mathura* (Moore, 1865)

鉴别特征：体长雄23mm，雌26mm；翅展雄45mm，雌75mm。雄虫触角褐色双栉齿状；头部黑褐色，胸部浅橙黄色带黑褐斑，腹部暗橙黄色，两侧微带红色，背面和侧面在节间有黑斑，肛毛簇黄白色；前翅灰白色，密布黑褐色斑纹，中部近前缘1/3处具新月形纹，近端部具一列新月形斑纹，端部具一列斑点，缘毛灰白色间褐色；后翅暗橙黄色，近端部具深色斑纹。雌虫触角双栉齿状；体灰白色，具黑色和红色斑点；前翅灰白色，斑纹棕褐色，基部有红色和黑色斑，中部具新月形纹和半圆形环，中部内侧具2条波形纹，中部外侧具棕褐色锯齿形纹，近端部具一列新月形斑纹，端部具一列小斑点，缘毛粉红间棕褐色；后翅浅粉红色，近端部具深色斑纹，端部具一列小点。

寄主：栎、苹果、梨、槠、栗、野漆、榉、青冈等。

分布：江苏、河北、山西、浙江、山东、湖南、河南、湖北、广东、四川、云南、陕西以及东北地区；朝鲜、日本、印度。

注：又名苹叶波纹毒蛾、栎舞毒蛾。

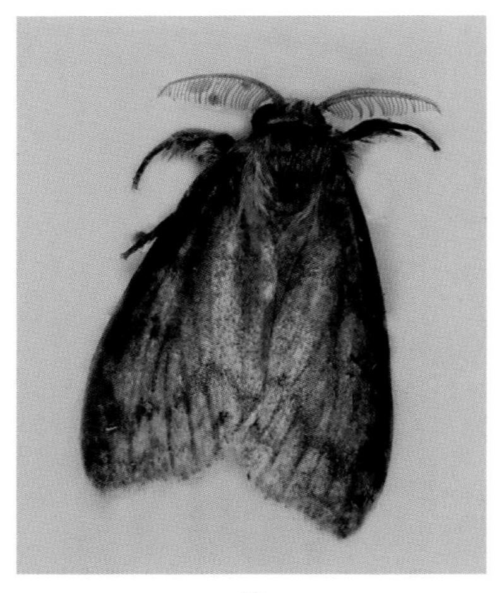

雄

雄

雄

雌

17.黑褐盗毒蛾 *Nygmia atereta* (Collente, 1932)（江苏新纪录种）

鉴别特征：体长12mm，翅展27mm。触角黄色双栉齿状。头部橙黄色；胸部黄棕色；腹部暗褐色，基部黄棕色；肛毛簇浅橙黄色；体腹面及足黄褐色带浅黄色。触角双栉齿状。前翅棕色散布黑色鳞片；前缘浅黄色；外缘有3个大浅黄色斑。后翅黑褐色，外缘和缘毛浅黄色。

寄主：泡桐、法桐、茶、板栗、马桑、黑荆。

分布：江苏（宜兴）、浙江、福建、江西、河南、湖北、湖南、广东、广西、四川、贵州、云南、西藏、甘肃、台湾；马来半岛。

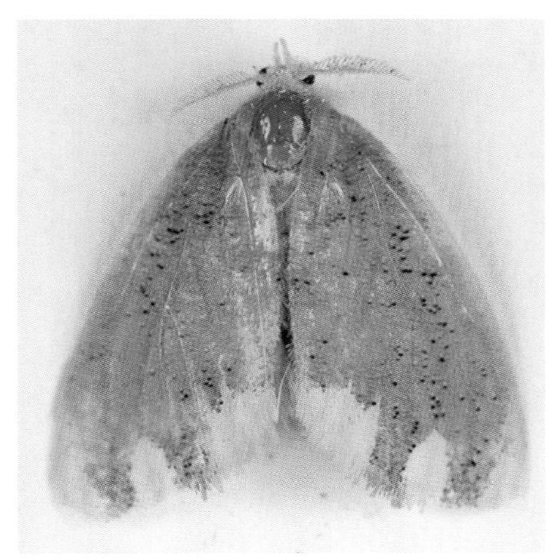

雌

雌

18.蜀柏毒蛾 *Parocneria orienta* (Chao, 1978)（江苏新纪录种）

鉴别特征：体长雄11～13mm，雌11～13mm；翅展雄30～35mm，雌32～38mm。雄虫触角灰褐色双栉齿状，栉齿较长。腹部灰褐色、基部色较浅。前翅白色或褐白色，中区和外区密布褐色至黑褐色鳞片，斑纹褐色或黑褐色、较模糊，端部具一列黑褐色斑点，缘毛白色间褐色。后翅褐色或黑褐色，基半部色浅。雌虫触角黑褐色双栉齿状，栉齿较短。前翅较雄虫颜色较浅，斑纹较清晰。后翅灰白色，端部黑褐色。

寄主：柏木、侧柏。

分布：江苏（宜兴）、浙江、福建、湖北、湖南、四川。

雄　　雄

雌　　雌

19.明毒蛾 *Topomesoides jonasii* (Butler, 1877)

鉴别特征：体长13～15mm，翅展25～28mm。触角黄白色双栉齿状。体浅黄色带赭黄色，被白毛。前翅浅黄色；中部近前缘1/3处具一赭黄色圆斑；顶角具一赭黄色长三角形斑。后翅黄白色，无斑纹。

寄主：接骨木、老叶儿树。

分布：江苏、浙江、福建、湖北、湖南、广东；朝鲜、日本。

注：又名接骨木毒蛾、扇毒蛾。

雄

雄

古毒蛾亚科 Orgyinae

20. 点丽毒蛾 *Calliteara angulata* (Hampson, 1895)

鉴别特征：体长16～21mm，翅展33～54mm。触角双栉齿状，干棕灰色，栉齿黄色。头、胸部浅棕灰色，腹部棕色。前翅浅棕白色，翅中部近前缘处有3个暗棕色斑点，其内外侧分别具暗棕色锯齿形横纹，隐约可见，近外缘处有一列暗棕色点组成的横纹，其中臀角处的点最大，缘毛棕灰色与暗棕色相间。后翅棕色，前缘及近中部至外缘区为浅棕灰色，缘毛同前翅。

寄主：不详。

分布：江苏、浙江、福建、湖北、湖南、广东、海南；缅甸、马来西亚、印度。

注：又名点茸毒蛾。

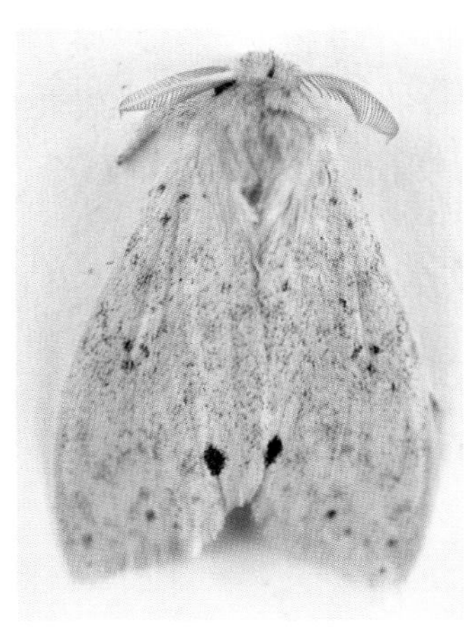
雄

雄

雌　　　　雌

21. 线丽毒蛾 *Calliteara grotei* (Moore, 1859)（江苏新纪录种）

鉴别特征：体长21～22mm，翅展43～45mm。触角栉齿状，干银白色，栉齿黄褐色。头、胸部灰白色，腹部赭红色。前翅灰褐色，散布黑色小点，基区通常灰白色；翅面横线褐色，粗而呈波状，翅面中部近前端具一暗褐色肾形纹。后翅淡褐色，中部具一月牙形深褐色斑，该斑与后缘之间的部分赭黄色，顶角及其下部分深褐色。

寄主：可可。

分布：江苏（宜兴）、浙江、福建、湖北、湖南、广东、广西、四川、云南、台湾；印度。

注：又名线茸毒蛾。

雄

雄

雄

雄

22. 结丽毒蛾 *Calliteara lunulata* (Butler, 1877)（江苏新纪录种）

鉴别特征：体长20mm，翅展54mm。触角栉齿状，干银白色，栉齿黄褐色。头、胸部银灰色，稍带黑褐色；后胸背面有一黑斑；腹部黑褐色，基部和末端灰白色。前翅银白色，布有黑色和黑褐色鳞片，靠翅基部的前缘有一黑色环扣状黑斑，翅面近中央处有新月形横脉纹，由竖起的银白色鳞片组成，其外缘有波浪形黑线。后翅灰褐色略带棕色，缘毛白灰色伴有黑斑。

寄主：栎、栗等。

分布：江苏（宜兴）、河北、浙江、福建、湖北、湖南、广东、陕西以及东北地区；朝鲜、日本、俄罗斯。

注：又名结茸毒蛾、赤眉毒蛾。

雄

雄

23.大丽毒蛾 *Calliteara thwaitesii* (Moore, 1883)（江苏新纪录种）

鉴别特征：体长雄20mm，雌31mm；翅展雄58mm，雌78mm。触角栉齿状，干灰白色，栉齿黄棕色。头、胸部白色，腹部白色。前翅纯白色，稀布黑褐色鳞，翅脉微带黄色，翅中偏外缘处横脉纹灰白色，新月形，具黑边，有从前缘外斜至近顶角处分别向外折成一钝角的黑色横纹，缘毛白色。后翅纯白色，翅脉微带黄色，具黑灰色横脉纹。

分布：江苏（宜兴）、广东、广西、云南；印度、斯里兰卡。

寄主：杧果。

注：又名大茸毒蛾。

雄　　雄

雌

雌

24.肾毒蛾 *Cifuna locuples* (Walker, 1855)

鉴别特征：体长16～21mm，翅展35～42mm。触角栉齿状，干褐黄色，栉齿褐色，雄虫栉齿较长，雌虫栉齿较短。头、胸部深黄褐色，腹部褐黄色；前翅内区前半部褐色，分布白色鳞片，后半部黄褐色，前翅基部附近有一褐色宽带，带内侧衬白色细线，翅中部近前缘处有褐黄色肾形脉纹，其外侧具深褐色横线，微向外弯曲，缘毛深褐色与褐黄色相间。后翅淡黄色带褐色，缘毛黄褐色。

寄主：大豆、小豆、绿豆、芦苇、苜蓿、棉花、紫藤、溲疏、樱桃、海棠、柿、柳、榉、桴、榆、茶等。

分布：江苏、河北、山西、内蒙古、浙江、安徽、福建、江西、山东、河南、湖北、湖南、广东、广西、四川、贵州、云南、西藏、陕西、甘肃、青海、宁夏以及东北地区；朝鲜、日本、越南、印度、俄罗斯。

注：又名豆毒蛾。

雄

雄

雌

雌

25.环茸毒蛾 *Dasychira dudgeoni* Swinhoe, 1907

鉴别特征：体长11～15mm，翅展29～35mm。雄虫触角双栉齿状，触角干浅黑棕色，栉齿黑棕色；头、胸部浅黑棕色，后胸背中央有一丛棕黑色鳞毛，具光泽；腹部浅棕灰色，无背毛丛；前翅浅棕黑色，翅基部区域红灰色，近基部具两个相似的微红棕色的环状斑，斑的边缘浅棕黑色，近外缘处有一列连续的新月状横纹，内斜，浅棕黑色，在翅外缘有两列浅色斑。后翅浅棕灰色。

寄主：油茶、红枫、桂花、天竺葵、玉米、木荷。

分布：江苏、浙江、福建、湖北、湖南、广东、广西、海南、云南、台湾；印度、印度尼西亚。

雄

雄

26.苔棕毒蛾 *Ilema eurydice* (Butler, 1885)（江苏新纪录种）

鉴别特征：体长雄13～15mm，雌16～17mm；翅展雄29～36mm，雌34～38mm。触角栉齿状，干浅绿色，栉齿褐色；头、胸部和前翅浅绿灰色带黑色。前翅基部区域具黑色横纹，两侧衬绿灰色，波浪形，其外侧为浅绿灰色双横线，两线间黑褐色，其中内侧的一条线中、后部明显外弯，翅中部近前缘处有一个肾形斑，边缘褐色，前缘近顶角处有一近半圆形的黑褐色斑，其附近有一列点组成黑褐色横线，近外缘一侧有黑褐色锯齿形横线，缘毛浅绿灰色与浅褐色相间。前翅反面黑褐色，前缘、外缘、后缘灰褐黄色。后翅黑褐色带绿灰色，缘毛黑褐色和棕色相间。

寄主：葡萄、山楂、苹果等。

分布：江苏（宜兴）、福建、湖南、广东、四川；日本。

注：又名苔肾毒蛾。

雄

雄

雌

雌

27.脂素毒蛾 *Laelia gigantea* Butler, 1885

鉴别特征：体长16mm，翅展37mm。触角栉齿状，基部有一丛橙黄色的毛，栉齿黑灰色；头部浅黄色；胸、腹部白色。前翅白色微带浅棕黄色，有光泽，前缘色暗，近外缘区在脉间有7个清晰的黑色小点。后翅白色，外缘和前缘微带浅棕黄色。

寄主：竹。

分布：江苏（宜兴、南京）、浙江；日本。

雌

28.瑕素毒蛾 *Laelia monoscola* Collenette, 1934（江苏新纪录种）

鉴别特征：体长13～18mm，翅展30～45mm。雄虫触角双栉齿状，干淡黄色，栉齿灰白色；雌虫触角栉齿状，干黄白色，栉齿褐色。体浅棕黄色；腹部下面橙黄色。前翅浅棕黄色，翅脉色浅，脉间色较深，前缘、外缘和翅面中央区域棕黄色，近外缘区在脉间有7个清晰的黑褐色小点。后翅浅橙黄色，外缘色较深。

寄主：不详。

分布：江苏（宜兴）、浙江、福建、湖北、湖南、广东、广西。

雄

雄

雌

雌

29. 黄黑丛毒蛾 *Locharna flavopica* Chao, 1985（江苏新纪录种）

鉴别特征：体长15～16mm，翅展31～43mm。雄虫触角灰棕色，两侧白色，栉齿棕色，触角间浅黄色。头部黄色；前胸黄色混有白色、褐棕色鳞；中胸两侧有白色、褐棕色及黄色长毛；后胸有一丛棕黑色鳞毛；腹部浅棕黄色，每节末端略带褐棕色。前翅黄白色，均匀散布有棕褐色皱皮样短纹，翅中近前缘区有一近方形黄白色斑，斑与翅前缘间浅黄色，稀布褐棕色鳞片，翅脉橙黄色，缘毛棕褐色，翅脉顶端的缘毛黄白色。后翅暗棕色，沿前缘有一较宽的黄色带，沿外缘有一较窄的黄色带，翅后缘黄色，有棕色长毛，翅脉在外缘黄色，缘毛黄色。

分布：江苏（宜兴）、云南、浙江、湖北、湖南。

注：又名黄黑羽毒蛾。

雄 雄

30. 丛毒蛾 *Locharna strigipennis* Moore, 1879

鉴别特征：体长13～17mm，翅展34～41mm。雄虫触角黑褐色并有黄白色边，栉齿黑褐色。头部、前胸和翅基部赤褐色并混有黑褐色；中胸和后胸黄白色，后胸背中有黑毛簇；腹部橙黄色，背中有一条黑褐色纵带；肛毛簇橙黄色；足橙黄色，各跗节黄白色具黑褐色纵纹。前翅黄白色，密布黑色短纹，前缘端半部黑纹较少，翅中部近前缘黄白色区域偏后侧有一黑斑。后翅黄色。雌蛾与雄蛾相似，但腹部背中无黑褐色纵带。

寄主：尖齿槲栎、短柄泡、肉桂、杧果、人面果。

分布：江苏、浙江、安徽、福建、江西、湖北、湖南、广东、广西、四川、贵州、云南、西藏、台湾；缅甸、马来西亚、斯里兰卡、印度。

注：又名细纹黄毒蛾、黄羽毒蛾。

雄

雄

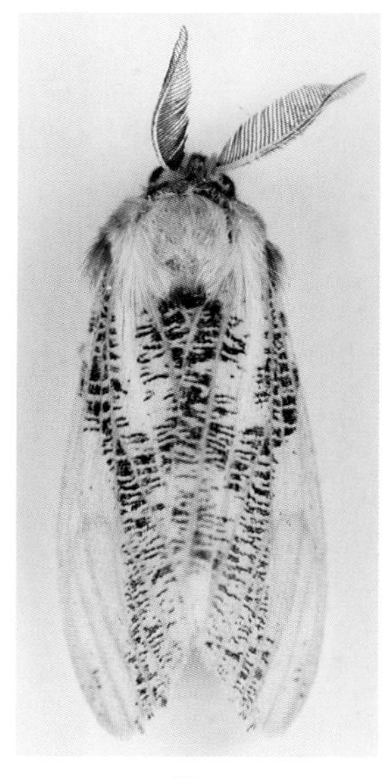
雌

雌

31. 旋古毒蛾 *Orgyia thyellina* Butler, 1881（江苏新纪录种）

鉴别特征：体长13～15mm，翅展38～39mm。雄虫触角灰白色，栉齿黄褐色。头、胸部浅黄褐色；腹部灰黄白色。前翅黄白色，微带黄褐色，近翅基部区中间有一黑褐色纵椭圆形斑，翅面近中央有新月形横脉纹，黄褐色边，近外缘区具黄褐色，波浪状横线。后翅浅黄白色，略带黄褐色。雌虫前翅黄褐色，略带灰色，斑纹黑褐色。后翅黑褐色。

寄主：桑、苹果、李、梅、梨、樱桃、栎、柿、枇杷、桐、悬铃木、柳等。

分布：江苏（宜兴）、浙江、福建、山东、台湾；日本。

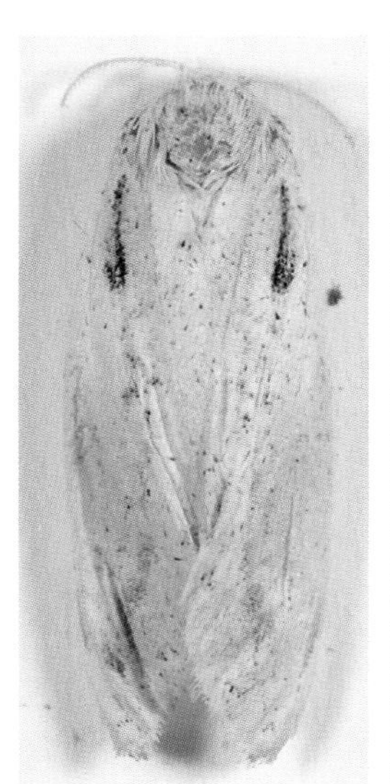

雄

雄

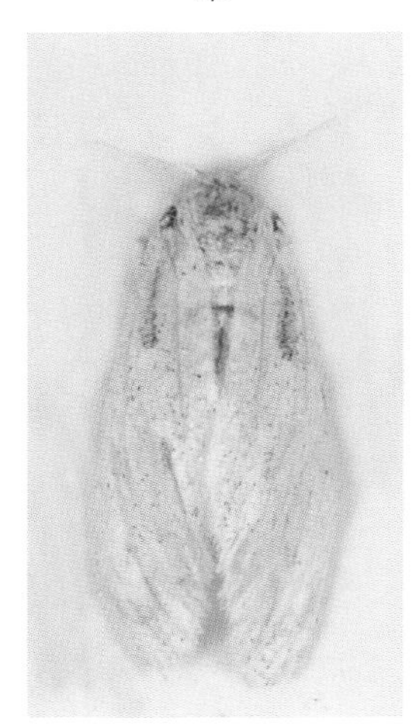

雄

雄

雌

雌

32.刚竹毒蛾 *Pantana phyllostachysae* Chao, 1977

鉴别特征：体长13～15mm，翅展26～37mm。雄虫触角干黄白色，栉齿灰黑色。头、胸和腹部浅黄色，略带橙色。前翅浅黄色至棕黄色，翅前缘近翅基半部边缘黑褐色，其后侧有一黄白色斑点，翅后缘近中央处有一橙红色斑，缘毛浅黄色。后翅浅黄色，后缘颜色较深。雌虫与雄虫相似，但颜色较浅；头、胸和腹部浅黄白色；颈部和腹部末端肛毛簇浅黄色。前翅浅黄白色，翅后缘中央有一橙红色斑。后翅污白色，半透明。

寄主：毛竹、淡竹、刚竹、五月季竹、红竹、早竹、石竹、早园竹、台湾桂竹、奉化水竹、白夹竹、苦竹、寿竹等刚竹属各种竹。

分布：江苏、浙江、福建、江西、湖南、广东、广西、四川、贵州等。

雄

雄

雌

雌

33.暗竹毒蛾 *Pantana pluto* (Leech, 1890)

鉴别特征：体长13～15mm，翅展30～34mm。触角干灰白色，栉齿灰黑色。头部棕黄色；胸、腹部灰黑色。前、后翅均灰黑色，半透明，前翅翅脉及翅面中央近前缘处色淡。前、后翅反面均为浅黑棕色。

寄主：竹。

分布：江苏、浙江、福建、江西、湖北、湖南、广东、广西、贵州、四川、云南。

注：又名黑纱竹毒蛾。

雄

雄

雄

34.淡竹毒蛾 *Pantana simplex* Leech, 1899（江苏新纪录种）

鉴别特征：体长13～14mm，翅展30～37mm。触角浅灰黄色，栉齿黑灰色。头、胸部浅褐棕色，腹部浅棕白色。前翅浅褐棕色，半透明，翅脉浅棕白色，翅面近后缘的半边从基部至臀角色浅，浅棕白色，翅的外缘区色深，沿翅前缘从基部至翅中有一白棕色条纹（有的个体不明显），翅面中央近前缘处有一浅棕白色新月形斑，缘毛和前缘边浅黑褐色。后翅粉白色，半透明。雌虫粉黄白色，翅面中央一侧有4个浅褐黑色斑。

寄主：南竹、罗汉竹、水竹、荆竹。

分布：江苏（宜兴）、福建、江西、四川、陕西、台湾。

雄

雄

雄　　雄

35.华竹毒蛾 *Pantana sinica* Moore, 1877

鉴别特征：体长9～18mm，翅展26～44mm。雄虫灰白色；触角干灰色，栉齿浅黑棕色。头、胸部烟棕色，腹部灰白色。前翅基部、前缘和外缘烟棕色，其余部分为白色，在翅面中央脉间有一黑斑，缘毛烟棕色。后翅和缘毛均白色，在外缘自前缘至近臀角有一灰黑色带。雌虫前翅黄白色，前翅翅面中央缘脉间有灰黑色斑。后翅和缘毛白色。

寄主：毛竹、黄槽竹、黄秆京竹、白夹竹、白哺鸡竹、甜竹、贵州刚竹、水竹、方秆毛竹、篌竹、红竹、淡竹、紫竹、刚竹、乌哺鸡竹、奉化水竹、早竹等刚竹属主要竹种。

分布：江苏、上海、浙江、安徽、福建、江西、湖北、湖南、广东、广西、重庆、四川、贵州、云南等。

雄（夏型）

雄（夏型）

雄（冬型）

雄（冬型）

雌[1]

雌[1]

① 雌虫形态一致，没有冬型和夏型之分。

瘤蛾科 Nolidae

瘤蛾亚科 Nolinae

1.褐白洛瘤蛾 *Meganola albula* (Denis et Schiffermüller, 1775)

鉴别特征：体长6mm，翅展16mm。触角褐色栉齿状。体淡褐色，头、胸部灰白色，腹部灰白色。前翅灰褐色，翅面中央具深褐色宽带，宽带外缘具波状白带，宽带与翅基部之间具不规则白斑，前缘端半部具褐色与白色相间的斑纹，顶角白色，下连一条细的白线，端缘褐色，具一列深色斑点。后翅淡褐色，端部较宽的深色带。

寄主：莓叶委陵菜、百脉根、越橘、薄荷以及树莓类。

分布：江苏、重庆、台湾；日本以及高加索地区、欧洲。

雄

2.斑洛瘤蛾 *Meganola gigas* (Buler, 1884)

鉴别特征：体长14mm，翅展28mm。触角褐色线状。体及前翅灰色，前翅散布黑点，前缘基部黑褐色，中部有一大的三角形黑褐斑；黑斑外侧具2条锯齿形黑色横线。后翅灰褐色。

寄主：胡桃。

分布：江苏、北京、黑龙江、河北、江西、湖北；日本、朝鲜、俄罗斯。

雌

雌

3.三角洛瘤蛾 *Meganola triangulalis* (Leech, [1889])（江苏新纪录种）

鉴别特征：体长8～9mm，翅展18～19mm。雄虫触角双栉齿状，触角干褐色，栉齿灰白色；雌虫触角淡褐色线状。头、胸部深褐色，腹部褐色。前翅淡灰色，近基部及中部近前缘端有黑褐色斑纹，此斑外侧具2条紧密靠近的黑色横线，内侧的细齿状，外侧的直线形，翅近端具一条波状褐色线，翅端具一列近三角形黑斑。后翅灰褐色。

寄主：*Castanopsis sieboldii*[①]。

分布：江苏（宜兴）、云南、台湾；日本、朝鲜、韩国、印度、泰国以及婆罗洲。

雄

雄

① 没有查到中文名。

雄 雄

雌 雌

雌

舟蛾科 Notodontidae

角茎舟蛾亚科 Biretinae

1.竹篦舟蛾 *Besaia goddrica* (Schaus, 1928)

鉴别特征：体长22～27mm，翅展38～50mm。触角黄褐色双栉齿状。头、胸部背面淡褐黄色；腹部背面灰褐色，节间色较淡。前翅淡灰黄色，从基部至外缘具一条暗灰褐色纵纹，该纹与前缘之间近基部与近端部具2条断裂的横纹，后缘于基部与近中部具伸达该纵纹的斜纹，顶角至翅后缘具一长的斜纹，自然停息时虫体背面形成3条"人"字形纹。后翅灰褐色，前缘色淡。雌虫斑纹不甚清晰。

寄主：毛竹、毛环水竹、五月季竹、红壳竹、刚竹、水竹、淡竹、红竹、篌竹、早竹、白哺鸡竹、石竹、孝顺竹、青皮竹、撑篙竹、观音竹等。

分布：江苏、浙江、江西、福建、广东、湖南、四川、陕西；泰国、越南。

注：又名纵褶竹舟蛾、纵稻竹舟蛾。

雄

雄

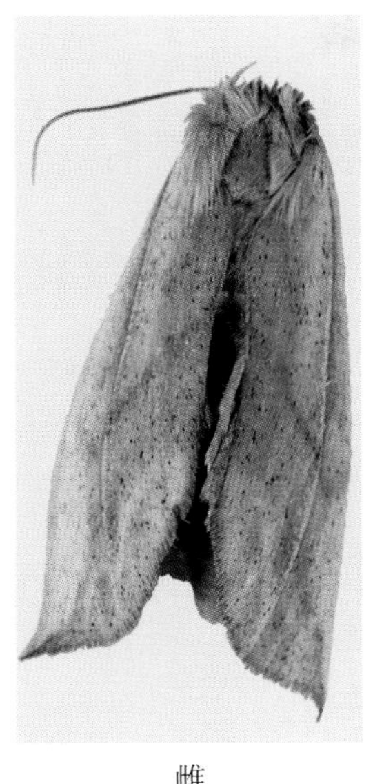
雌

雌

2.安拟皮舟蛾 *Mimopydna anaemica* (Kiriakoff, 1962)

鉴别特征：体长雄26～40mm，雌23～27mm；翅展雄52～60mm，雌68～70mm。雄虫触角黄褐色双栉齿状，雌虫触角黄色丝状。头顶和前胸背面灰白带褐色；腹部背面黄褐色。雄虫前翅淡黄色，散布不规则黑色短纵纹，亚端部具与翅外缘平行2列小黑点。后翅暗褐色，前缘淡黄色，缘毛色较底色浅。雌虫前翅黄色，后半部具不规则大黑斑，后翅黄色，近外缘处隐约可见深褐色宽带。

寄主：黄秆京竹、毛环水竹、斑竹、毛竹、五月季竹、刚竹、淡竹、早竹、红竹、篌竹、孝顺竹、青皮竹等。

分布：江苏、上海、浙江、福建、江西、湖南、湖北、四川、云南。

注：又名安篦舟蛾、竹拟皮舟蛾。

雄

雄

雌　　　　雌

3.蔓拟皮舟蛾 *Mimopydna magna* Schintlmeister, 1997（江苏新纪录种）

鉴别特征：体长15mm，翅展40mm。触角暗褐色双栉齿状。头部灰褐色，胸部褐色，腹部暗褐色。前翅黄褐色，翅中部外侧具3列黑斑，且后端黑斑逐渐加大，并多少相连，向基部弯曲；此黑斑列与翅前缘间散布不规则黑点；外缘具一列黑斑。后翅黑褐色，前缘黄褐色。

寄主：不详。

分布：江苏（宜兴）、陕西、湖北；越南。

注：又名玛拟皮舟蛾。

雄

雄

雄

雄

4.异纡舟蛾 *Periergos dispar* (Kiriakoff, 1962)

鉴别特征：体长雄18～23mm，雌22～26mm；翅展雄38～46mm，雌48～55mm。触角黄褐色双栉齿状，雄虫栉齿较长且为黄色，雌虫栉齿较短且为淡黄色。头部、胸背面黄褐色；腹部略暗红褐色，个体间有变异，雌虫体色较雄虫淡。雄虫前翅黄褐色，后半部几呈黄色，翅面散布不规则黑褐色短纵纹，翅顶角向翅中部发出一条黑褐色斜纹，有些个体翅面仅具红褐色斑，发自顶角的斜纹亦不十分明显；后翅深褐色，前缘黄褐色。雌虫前翅黄褐色，翅中部具粗糙的黑褐色纵纹，但有些个体此纵纹不明显；后翅黄褐色。

寄主：毛竹、刚竹、淡竹等竹类。

分布：江苏、安徽、浙江、福建、江西、湖南、四川、广西。

注：又名竹镂舟蛾、竹青虫、竹蚕、竹苞虫。

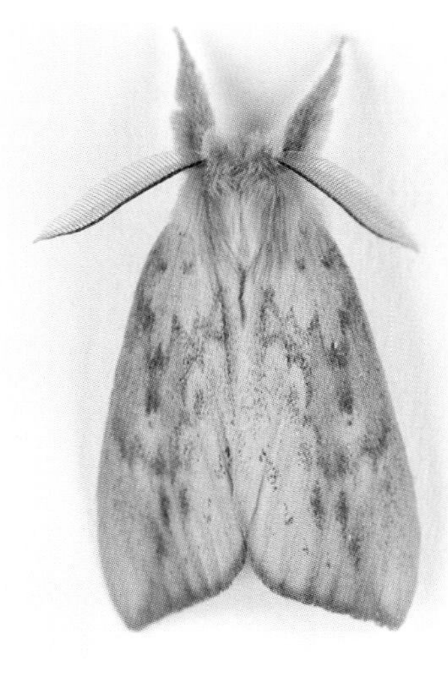
雄

雄

雄　雄

雌　雌

雌　雌

5.长茎姬舟蛾 *Saliocleta longipennis* Moore, 1881（江苏新纪录种）

鉴别特征：体长27～29mm，翅展44～46mm。触角双栉齿状，黄色或赭红色。身体淡黄色带赭红色，腹背末节较淡。前翅淡黄色带赭红色，散布黑褐色斑点，中室内有2条天窗形的黄白色纵纹。后翅黄白色带赭红色，靠近后缘稍暗，缘毛白色。

寄主：毛竹。

分布：江苏（宜兴）、湖南、广东、安徽、江西；菲律宾。

注：又名竹窗舟蛾、天窗竹舟蛾、长茎箩舟蛾。

雄

雄

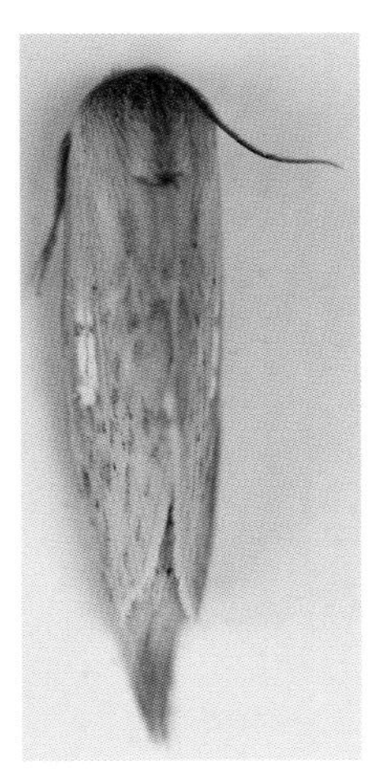

雄

雄

6.竹姬舟蛾 *Saliocleta retrofusca* (de Joannis, 1907)

鉴别特征：体长26～30mm，翅展47～54mm。触角红褐色双栉齿状。头、胸部背面浅灰黄色，胸背中央有一条暗褐色纵线伸至头顶；腹部背面前端浅黄色带褐色，向后褐色逐渐加深，最后两节颜色变淡呈浅灰黄色。前翅呈老式菜刀形，浅黄色带灰红褐色，后缘基部暗褐色，翅面散布黑色短纵条纹，亚端部具与翅外缘平等的一列黑色斑点，端缘亦具一列小黑点。后翅暗灰红褐色，前缘浅黄色，脉端缘毛浅黄色。

寄主：毛竹、刚竹、淡竹、红竹、乌哺鸡竹、早竹、石竹、水竹、五月季竹等刚竹属主要竹种以及孝顺竹。

分布：江苏、安徽、浙江、福建、江西、湖北、湖南、四川；越南。

注：又名竹箩舟蛾。

雄

雄

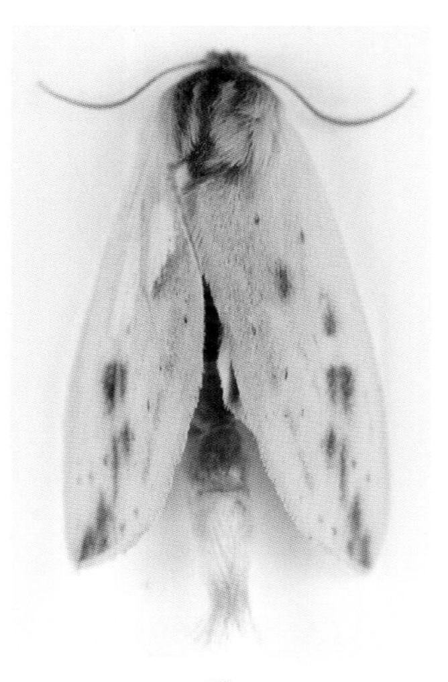
雄

雄

蕊舟蛾亚科 Dudusinae

7.黄二星舟蛾 *Euhampsonia cristata* (Butler, 1877)

鉴别特征：体长32mm，翅展70mm。触角黄褐色双栉齿状。头灰白色，胸部背面淡灰褐色，腹部背面褐黄色。前翅黄褐色，翅面可见3条横线，基部的两条淡褐色，其间具2个黄白色圆点，外侧的1条黑褐色，端缘略呈锯齿状。后翅褐黄色，前缘较淡。

寄主：柞树、蒙古栎。

分布：江苏、北京、河北、山西、内蒙古、浙江、安徽、江西、山东、河南、湖北、湖南、海南、四川、云南、陕西、甘肃、台湾以及东北地区；日本、朝鲜、俄罗斯、缅甸。

注：又名槲天社蛾、大光头。

雄

雄

雄

雄

8.钩翅舟蛾 *Gangarides dharma* Moore, 1865

鉴别特征：体长29～31mm，翅展57～63mm。触角黄褐色双栉齿状。体背和前翅灰黄色，布满褐色雾点。前翅具褐色横线5条，中部2条近前缘向外侧呈弧形凸出，第4条前端弯向顶角，端部的呈波浪形。后翅黄褐至红褐色。

寄主：紫藤、核桃。

分布：江苏（宜兴）、北京、辽宁、河北、陕西、湖北、江西、浙江、福建、湖南、广东、广西、四川、云南、西藏、甘肃、香港；朝鲜、印度、孟加拉国、泰国、越南、缅甸。

雄

雄

雄

雄

雄　　雄

雄　　雄

雌

雌

9.红褐甘舟蛾 *Gangaridopsis dercetis* Schintlmeister, 1989

鉴别特征：体长19～21mm，翅展36～49mm。触角双栉齿状，红褐色或黄褐色。身体灰褐色混有红褐色。前翅红褐色，基中部和后部被红褐色鳞片，具一前一后两小白斑，近端部外具红褐色斜线，外侧伴有浅色线。后翅淡红褐色，隐约可见红褐色横线。

寄主：不详。

分布：江苏（宜兴）、浙江、福建、江西、湖南。

注：又名德甘舟蛾。

雄

雄

雌

雌

10.点银斑舟蛾 *Tarsolepis sericea* Rothschild, 1917

鉴别特征：体长27～32mm，翅展58～69mm。触角棕褐色双栉齿状。头红褐色，胸部背面灰褐色，腹部背面暗红褐色。前翅灰褐，从后缘1/4到近翅中部具黑褐色斑，其外侧具一枚银白色点；顶角附近具黑褐色斑。后翅褐色。

寄主：不详。

分布：江苏（宜兴）、上海、浙江、安徽、福建、江西、湖北、湖南、广东、广西、四川、云南。

注：又名点舟蛾。

雄 雄

雌 雌

舟蛾亚科 Notodontinae

11.弱迴拟纷舟蛾*Disparia diluta* (Hampson, 1910)

鉴别特征：体长23～26mm，翅展49～58mm。触角淡红褐色双栉齿状。头部灰色，胸部暗褐色，腹部灰色。前翅褐色至灰白色，基部暗灰色，外侧以浅黑色的双横线为边，后方稍外斜，微波浪形，中部具隐约灰白色横线，近端部具暗灰色椭圆形斑块组成的宽横线，端缘具黑斑列。后翅暗灰褐色，外半部较暗。

寄主：柃木。

分布：江苏（宜兴、南京）、浙江、江西、湖北、湖南、福建、广东、广西、海南、重庆、四川、贵州、云南、台湾；日本、印度、尼泊尔、缅甸、泰国、越南、马来西亚、印度尼西亚。

注：又名弱拟纷舟蛾。

雄

雄

雄

雄

12.黑纹迴拟纷舟蛾 *Disparia nigrofasciata* (Wileman, 1910)（江苏新纪录种）

鉴别特征：体长22～24mm，翅展45～53mm。触角黄褐色线状。体灰褐色，头部黑褐色，胸部深褐色，腹部灰褐色。前翅灰褐色，基部具一深褐色区域，其外缘自前缘基部发出，伸达后缘基部1/3处，前缘近端部具一斜三角形黑色斑。后翅深褐色。

寄主：柃木。

分布：江苏（宜兴）、台湾。

雌　　雌

13.缘纹新林舟蛾 *Neodrymonia marginalis* (Matsumura, 1925)

鉴别特征：体长21～25mm，翅展41～45mm。雄虫触角黄褐色双栉齿状，雌虫触角黄褐色丝状。体形粗壮，体灰褐色；头部赭褐色；胸部灰褐色；腹部赭褐色至灰褐色。前翅灰褐色，基部白，其余部分散布不规则乱条纹，亚端部附近具双线形波状横线，端部具锯齿状横线。后翅赭褐色。

寄主：不详。

分布：江苏、黑龙江、浙江、安徽、福建、江西、湖北、湖南、广东、广西、四川、台湾；日本、朝鲜。

注：又名缘纹拟纷舟蛾。

雄

雄

雌

雌

14.朴娜舟蛾 *Norracoides basinotata* (Wileman, 1910)

鉴别特征：体长21 ~ 25mm，翅展47 ~ 50mm。触角暗褐色双栉齿状，栉齿很短。头、胸部背面灰褐色；后胸后缘和基毛簇末端暗褐色；腹部背面灰黄褐色。前翅灰褐色，基部黑褐色；前缘近端部具黑褐色，翅面中央具一黑色圆斑。后翅淡褐色，后缘色稍深。

寄主：朴属。

分布：江苏（宜兴、南京）、上海、浙江、福建、江西、湖北、广东、海南、台湾；韩国。

注：又名锯纹舟蛾。

雄　雄
雄　雄

掌舟蛾亚科 Phalerinae

15.栎掌舟蛾 *Phalera assimilis* (Bremr et Grey, 1852)

鉴别特征：体长24mm，翅展55mm。触角红褐色双栉齿状。头顶黄褐色；胸部背面前半部黄褐色，后半部灰色；腹部背面黄褐色，末端2节各有一条黑色横带。前翅灰褐色具银色光泽，顶角斑淡黄白色，斑前缘有3个暗褐色斜点，翅面横线黑色，波浪形或齿形，后缘基部及端部各具一黑褐色斑。后翅暗褐色。

寄主：麻栎、栓皮栎、枹栎、柞栎、白栎、锥栎等栎属植物以及板栗、榆、白杨。

分布：江苏、北京、河北、黑龙江、山东、山西、辽宁、浙江、福建、江西、河南、湖北、湖南、广西、海南、四川、云南、陕西、甘肃、台湾；朝鲜、日本、俄罗斯、德国。

注：又名栎黄斑天社蛾、黄斑天社蛾、榆天社蛾、彩节天社蛾、肖黄掌舟蛾、宽掌舟蛾。

雄

雄

雄

雄

雌

雌

16.苹掌舟蛾 *Phalera flavescens* (Bremer et Grey, 1852)

鉴别特征：体长23～26mm，翅展45～60mm。雄虫触角黄褐色双栉齿状，雌虫触角灰褐色丝状。前翅黄白色，翅基具一灰褐色斑，外衬半月形黑褐色斑，近外缘具5个灰褐色斑，内嵌锈红色斑，越接近后缘的越大。后翅浅褐色，后缘色稍深。

寄主：苹果、杏、梨、桃、李、樱桃、山楂、枇杷、海棠、沙果、榆叶梅、椒、栗、榆等。

分布：江苏、北京、陕西、甘肃、黑龙江、辽宁、河北、山西、山东、上海、浙江、江西、福建、湖北、湖南、广东、广西、海南、云南、贵州；日本、朝鲜、俄罗斯、缅甸。

注：又名舟形毛虫、舟形蚸蜥、举尾毛虫、举枝毛虫、秋黏虫、苹黄天社蛾、黑纹天社蛾。

雄

雄

雌

雌

17.刺槐掌舟蛾 *Phalera grotei* Moore, 1859

鉴别特征：体长42mm，翅展74mm。触角暗棕色线状，触角基及头顶具白色毛簇。胸部背面暗褐色；腹部背面黑褐色，每节后缘具灰白色横带。前翅暗褐色，顶角斑暗棕色；基部横线弧状，中端部横线锯齿状，后缘基部及端部各具一暗斑。后翅暗褐色。

寄主：刺槐、刺桐。

分布：江苏、北京、辽宁、河北、山东、浙江、安徽、福建、湖北、湖南、江西、广西、广东、四川、海南、贵州、云南；朝鲜、印度、尼泊尔、越南、缅甸、印度尼西亚、马来西亚、不丹。

雄

雄

雄　　　　雄

18.栎蚕舟蛾 *Phalerodonta bombycina* (Oberthür, 1880)

鉴别特征：体长18mm，翅展42mm。触角黄褐色栉齿状。头、胸部灰褐色，腹部背面灰褐色。前翅淡褐色，3 条横线深褐色，中间的横线直，外侧的向外方凸出。后翅淡灰黄褐色。

寄主：麻栎、栓皮栎、白栎、槲栎、蒙古栎。

分布：江苏、山东、安徽、浙江、福建、江西、陕西、四川以及东北地区；日本、朝鲜、俄罗斯。

注：又名栎褐天社蛾、栎天社蛾、栎叶天社蛾、栎叶杨天社蛾、麻栎天社蛾、红头虫、栎褐舟蛾。

雄

雄

羽齿舟蛾亚科 Ptilodoninae

19.灰颈异齿舟蛾 *Allodonta argillacea* Kiriakoff, 1963（江苏新纪录种）

鉴别特征：体长20～24mm，翅展46～50mm。触角黄褐色双栉齿状。头顶灰白色；胸背浅褐色；腹部浅灰黄褐色。前翅浅黄褐色至灰褐色，基部有一白点；基部中侧具双排黑点列，其外侧为波状斜横线，顶角斑为黄白色。后翅暗褐色。

寄主：不详。

分布：江苏（宜兴）、浙江、江西、福建、广西。

雄

雄

雄　　雄

20.珍尼怪舟蛾 *Hagapteryx janae* Schintlmeister et Fang, 2001（江苏新纪录种）

鉴别特征：体长18mm，翅展43mm。雌虫触角红褐色栉齿状。头、胸部暗红褐色带黑色斑；腹部黄褐色。前翅暗红褐色，前缘具4个短棒状白斑，有时最基部的一根不明显；基部具4个短黑斑，排成一斜列，与一略呈角状弯曲的黑斑相对；翅面中央具一竖三角形斑，外侧为镶黑边的肾形斑；自前缘端部第2个白斑发出一条横线伸达后缘中部，该横线双线形，内镶黑边，外侧向翅端衍生出刺状纹；翅端具一列白色剑状纹。后翅灰黄褐色。

寄主：不详。

分布：江苏（宜兴）、陕西、河南、四川。

雌　　雌　　雌

扇舟蛾亚科 Pygaerinae

21.新奇舟蛾 *Allata sikkima*（Moore, 1879）

鉴别特征：体长23～27mm，翅展43～50mm。触角褐色双栉齿状。头、胸部背面暗褐色；腹部灰褐色。雄虫前翅前半部灰褐色，翅顶有一暗褐色斑；近基部具一不规则黑斑，外接三角形银白斑，该斑外侧具“工”字形银纹；外缘近后角灰白色。后翅灰褐色，基部色较浅。雌虫前翅前半部除翅顶角深褐色外呈浅灰黄色，后半部暗红褐色，夹杂浅色弧形斑纹。后翅灰红褐色，缘毛色浅。

寄主：紫藤。

分布：江苏、浙江、福建、江西、湖南、广西、海南、四川、贵州、云南、甘肃；印度、越南、马来西亚、印度尼西亚。

雄

雄

雌

雌

22.分月扇舟蛾 *Clostera anastomosis* (Linnaeus, 1758)

鉴别特征：体长12～21mm，翅展27～31mm。触角深褐色双栉齿状。头、胸背面中央棕褐色；腹部棕褐色。前翅红褐色，具3条灰白色横线，横线镶暗边；翅面中央具一大型椭圆形斑，下连一三角形斑纹；亚端部具一列深褐色斑组成的宽带纹。后翅黄褐色。

寄主：多种杨、柳。

分布：江苏、内蒙古、河北、广西、广东、江西、湖南、湖北、青海、四川、云南以及东北地区；日本、朝鲜、蒙古、前苏联以及欧洲。

注：又名银波天社蛾、山杨天社蛾、杨树天社蛾、杨叶夜蛾。

雄 雄

雄 雄

雌 雌 雌

23.杨小舟蛾 *Micromelalopha sieversi* (Staudinger, 1892)

鉴别特征：体长12～14mm，翅展24～26mm。触角黄褐色双栉齿状。体翅红褐色。前翅后缘和顶角色较暗，有3条灰白色波状横线，横线两侧有暗边。后翅暗褐色，前缘色淡。

寄主：杨、柳。

分布：江苏、江西、黑龙江、吉林、河北、山东、河南、安徽、浙江、四川；日本、朝鲜。

注：又名杨褐天社蛾、小舟蛾。

雄

雄

雌

雌

蚁舟蛾亚科 Stauropinae

24.曲良舟蛾 *Benbowia callista* Schintlmeister, 1997

鉴别特征：体长17～19mm，翅展32～36mm。触角褐色双栉齿状。头、胸背部绿色夹有褐色；腹背褐色，末节和臀毛簇灰白带绿色。前翅绿色，基部具一条不甚清晰的褐色横线，亚端部横线褐色衬浅黄白色边，端缘具一列黑斑。后翅前缘绿色，其余褐色，有3条褐色横线。

寄主：不详。

分布：江苏（宜兴）、浙江、江西、湖北、四川、云南、台湾；印度、印度尼西亚、越南以及伊里安岛。

注：又名绿蚁舟蛾。

雄

雄

雌

雌

25.白二尾舟蛾 *Cerura tattakana* Matsumura, 1927

鉴别特征：体长30mm，翅展70mm。触角黑褐色双栉齿状。头、胸部背面灰黄白色；腹部背面黑色，具一条灰白色纵纹，末端两节灰白色，具黑纹。前翅灰白色，翅脉暗褐色，翅面具多条波状横线，有的横线断裂，以第2条横线最粗，端缘具黑斑列。后翅灰白色微带紫色，翅脉黑褐色，基部和后缘带灰黄色，横脉纹黑色，端线由一列脉间黑点组成。

寄主：红花天料木、杨、柳。

分布：江苏、浙江、湖北、湖南、陕西、四川、云南、台湾；日本、越南。

注：又名大新二尾舟蛾。

雄

雄

雌

雌

26.栎纷舟蛾 *Fentonia ocypete* (Bremer, 1861)

鉴别特征：体长雄18～20mm，雌20～21mm；翅展雄39～42mm，雌43～46mm。雄虫触角深褐色双栉齿状，雌虫触角灰褐色丝状。头、胸部深褐色杂灰白色鳞片；腹部黄褐色。雄虫前翅暗灰褐色，少数略带暗红褐色，基部横线黑色模糊，双线形，波浪形；由基部向翅后角发出一条黑色纵纹，纵纹两侧镶赭色边；翅中部具2条近平行的圆弧形深褐色斑，端缘具黑色横线。后翅淡灰色。雌虫与雄虫前翅斑纹类似，但基部纵纹两侧的赭色边较宽，纵纹与两个近平行的弧形纹之间的区域亦为赭色。

寄主：日本栎、麻栎、柞栎、枹栎、蒙古栎等。

分布：江苏、河北、陕西、河南、浙江、湖北、江西、湖南、福建、四川、云南以及东北地区。

注：又名细翅天社蛾、罗锅虫、旋风舟蛾。

雄

雄

雌

雌

27.涟纷舟蛾 *Fentonia parabolica* (Matsumura, 1925)（江苏新纪录种）

鉴别特征：体长13mm，翅展29mm。雄虫触角黄褐色双栉齿状。头、胸部背面灰褐色和灰白色混杂；腹部灰褐色。前翅浅褐色，中央有一条黑褐色纵纹，其上方镶灰白色宽边；顶角具弧形深褐色纹，与前述的黑色纵带相连，外侧嵌白边。后翅灰褐色。

寄主：不详。

分布：江苏（宜兴）、浙江、福建、江西、湖北、湖南、广西、海南、甘肃、安徽、台湾。

注：又名新涟舟蛾、新涟纷舟蛾。

雄

雄

28.基线纺舟蛾 *Fusadonta basilinea* (Wileman, 1911)（江苏新纪录种）

鉴别特征：体长18～9mm，翅展37～39mm。雄虫触角褐色双栉齿状，雌虫触角褐色栉齿状。身体暗灰褐色。前翅暗灰褐色。雄虫前翅基部2/3深褐色，具不规则黑色短纵纹；端部1/3中部脉间黄白色，其余部分深褐色。后翅前缘深褐色，其余部分灰褐色。雌虫与雄虫色斑近似，但不甚清晰。

寄主：栎属。

分布：江苏（宜兴）、浙江、湖北；日本、韩国。

雌 雌

雌 雌

29.茅莓蚁舟蛾 *Stauropus basalis* Moore, 1877

鉴别特征：体长19～23mm，翅展30～38mm。雄虫触角褐色双栉齿状，雌虫触角红褐色丝状。头、胸部灰色；腹部背面灰褐色。前翅黄褐色，基部横线断裂，中部横线波状，端部具两列深褐色斑点。后翅黄褐色。有多个亚种，前翅横线有变化，清晰或模糊。

寄主：茅莓、榆。

分布：江苏（宜兴、南京）、上海、北京、河北、山西、浙江、福建、江西、山东、湖北、湖南、广西、四川、重庆、贵州、云南、陕西、甘肃、台湾；日本、朝鲜、越南、俄罗斯远东地区。

雄 雄

雄 雄

雄 雌

30.核桃美舟蛾 *Uropyia meticulodina* (Oberthür, 1884)

鉴别特征：体长22～25mm，翅展51～52mm。雄虫触角黄褐色双栉齿状，雌虫触角黄褐色丝状。头部赭色，胸部背面暗棕色，腹部黄色。前翅暗红棕色，前后缘各有一大块黄褐色大斑（有时带绿色），每斑内各具4条暗褐色横线。横脉纹暗褐色。后翅淡黄色。

寄主：核桃、胡桃、胡桃楸。

分布：江苏、北京、山东、浙江、江西、福建、湖北、湖南、陕西、甘肃、四川、云南、广西、河北以及东北地区；日本、朝鲜、俄罗斯远东地区。

注：又名核桃天社蛾、核桃舟蛾。

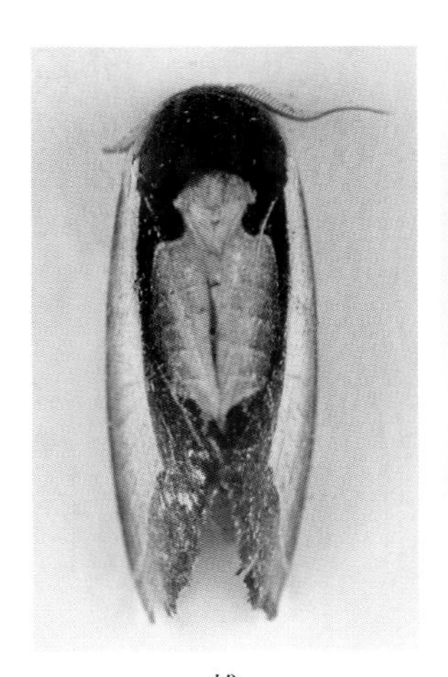

雄

雄

雌

雌

夜蛾总科昆虫灯诱时间一览表

灯蛾科 Arctiidae	
灯蛾亚科 Arctiinae	
1.大丽灯蛾 *Aglaomorpha histrio histrio* (Walker, 1855)	2016年（7月13日、7月27日、7月31日、8月1日、8月24日、8月27日、8月28日），2017年9月3日
2.红缘灯蛾 *Aloa lactinea* (Cramer, 1777)	2016年8月20日，2017年9月3日
3.八点灰灯蛾 *Creatonotus transiens vacillans* (Walker, 1855)	2016年（6月23日、7月4日、7月28日、8月9日、8月26日、9月13日、9月23日、9月26日、11月1日），2017年（5月5日、7月26日、9月3日）
4.粉蝶灯蛾 *Nyctemera adversata* (Schaller, 1788)	2016年（6月19日、7月28日、8月8日、8月13日、9月23日、9月30日、10月6日）
5.红点浑黄灯蛾 *Rhyparioides subvaria* (Walker, 1855)	2016年（7月13日、7月17日、8月28日、9月8日、9月19日），2017年（5月18日、5月28日、6月14日、7月1日）
6.连星污灯蛾 *Spilarctia seriatopunctata* (Motschulsky, [1861])	2016年10月1日
7.红腹白灯蛾 *Spilarctia subcarnea* (Walker, 1855)	2016年（7月6日、7月25日、8月26日、9月19日），2017年4月23日
8.黄星雪灯蛾 *Spilosoma lubricipedum* (Linnaeus, 1758)	2016年（9月2日、9月25日），2017年（3月30日、4月23日），2018年3月28日
苔蛾亚科 Lithosiinae	
9.连纹艳苔蛾 *Asura conjunctana* (Walker,1866)	2016年（7月16日、9月23日、10月5日）
10.异葩苔蛾 *Barsine aberrans* (Butler, 1877)	2016年8月1日，2017年（6月1日、8月31日）
11.线葩苔蛾 *Barsine linga* Moore, 1859	2016年5月25日，2017年（5月3日、8月31日）
12.红黑脉葩苔蛾 *Barsine rubrata* (Reich, 1937)	2016年（8月6日、8月9日），2017年（6月1日、6月7日、8月29日）
13.东方葩苔蛾 *Barsine sauteri* (Strand, 1917)	2016年（7月11日、7月16日、8月12日）
14.优美葩苔蛾 *Barsine striata* (Bremer et Grey, 1852)	2016年（5月30日、7月21日），2017年（8月14日、8月29日）
15.黄边拟土苔蛾 *Brunia fumidisca* (Hampson, 1894)	2017年（5月3日、6月19日）
16.草雪苔蛾 *Cyana pratti* (Elwes,1890)	2016年7月14日
17.缘点土苔蛾 *Eilema costipuncta* (Leech,1890)	2017年（5月1日、5月24日、5月28日）
18.棕背土苔蛾 *Eilema fuscodorsalis* (Matsumura, 1930)	2017年6月17日
19.苏土苔蛾 *Eilema nankingica* (Daniel, 1954)	2017年5月1日
20.黄土苔蛾 *Eilema nigripoda* (Bremer, 1852)	2017年（5月1日、6月19日）

（续）

21.黄边美苔蛾 *Miltochrista pallida* (Bremer,1864)	2016年（7月13日、9月26日）
22.硃美苔蛾 *Miltochrista pulchra* Butler, 1877	2016年（5月25日、6月20日、7月17日、8月12日），2017年（6月19日、8月29日）
23.之美苔蛾 *Miltochrista ziczac* (Walker, 1856)	2016年（7月7日、7月12日、7月16日、8月24日），2017年（6月1日、8月8日）
24.墨斑苔蛾 *Parasiccia limbata* (Wileman, 1911)	2016年（8月31日、9月2日、9月20日）
25.泥苔蛾 *Pelosia muscerda* (Hufnagel, 1766)	2016年8月16日
26.大黄痣苔蛾 *Stigmatophora leacrita* Swinhoe, 1894	2016年（7月14日、7月26日）
27.圆斑苏苔蛾 *Thysanoptyx signata* (Walker, 1854)	2016年（5月30日、7月13日），2017年6月1日
28.长斑苏苔蛾 *Thysanoptyx tetragona* (Walker, 1854)	2016年7月29日
29.白黑瓦苔蛾 *Vamuna ramelana* (Moore, 1865)	2018年5月22日
鹿蛾亚科 Syntominae	
30.挂墩鹿蛾 *Amata kuatuna* Obraztsov, 1966	2016年7月7日
31.牧鹿蛾 *Amata pasca* (Leech, 1889)	2016年（7月7日、7月19日、8月27日、9月4日、9月18日、9月23日），2017年（6月3日、6月19日）
夜蛾科 Noctuoidae	
绮夜蛾亚科 Acontiinae	
1.两色绮夜蛾 *Acontia bicolora* Leech, 1889	2016年（8月7日、8月19日、8月24日、8月26日、9月6日），2017年（5月31日、6月13日），2018年3月28日
2.大理石绮夜蛾 *Acontia marmoralis* (Fabricius, 1794)	2016年（7月30日、8月9日、9月3日、9月29日、10月8日、11月18日）
3.斜带绮夜蛾 *Acontia olivacea* (Hampson, 1891)	2018年5月22日
4.星卫翅夜蛾 *Amyna stellata* Butler, 1878	2016年（7月12日、8月30日、9月3日、10月15日、10月20日), 2018年3月28日
5.黑俚夜蛾 *Anterastria atrata* (Butler, 1881)	2016年8月17日
6.柑橘孔夜蛾 *Corgatha dictaria* (Walker, 1861)	2016年（8月8日、10月10日）
7.昭孔夜蛾 *Corgatha nitens* (Butler,1879)	2016年（8月18日、8月23日、10月30日），2017年8月31日
8.涡猎夜蛾 *Eublemma cochylioides* (Guenée,1852)	2016年（10月17日、11月11日），2017年5月14日
9.莫干虚俚夜蛾 *Koyaga vexillifera* (Berio, 1977)	2016年（7月15日、7月26日），2017年5月5日
10.小冠微夜蛾 *Lophomilia polybapta* (Butler, 1879)	2016年9月14日，2017年5月9日
11.交兰纹夜蛾 *Lophonycta confusa* (Leech, [1889])	2016年（6月11日、7月1日、7月14日、7月24日、8月3日、8月18日），2017年6月16日
12.路瑙夜蛾*Maliattha chalcogramma* (Bryk,1949)	2016年（5月28日、8月12日、9月3日、9月14日），2017年5月18日
13.标瑙夜蛾 *Maliattha signifera* (Walker, [1858])	2016年（8月12日、8月23日、8月29日、9月7日、9月12日、9月14日），2017年9月18日

（续）

14.宜兴嵌夜蛾 *Micardia yixingensis* Liang et al., 2019	2017年5月9日
15.稻螟蛉夜蛾 *Naranga aenescens* Moore, 1881	2016年9月6日
16.弱夜蛾 *Ozarba punctigera* Walker, 1865	2016年（8月24日、9月5日、9月15日），2017年（5月1日、5月7日）
17.姬夜蛾 *Phyllophila obliterata* (Rambur, 1833)	2016年8月16日，2017年6月14日
18.赭灰裴夜蛾 *Sophta ruficeps* (Walker, 1864)	2016年（9月12日、10月12日、10月25日、11月20日），2017年5月7日
19.白条兰纹夜蛾 *Stenoloba albingulata* (Mell, 1943)	2017年4月29日，2018年（5月22日、6月6日）
剑纹夜蛾亚科 Acronictinae	
20.光剑纹夜蛾 *Acronicta adaucta* Warren, 1909	2016年8月28日，2017年5月7日
21.桑剑纹夜蛾 *Acronicta major* (Bremer, 1861)	2016年8月23日
22.梨剑纹夜蛾*Acronicta rumicis* (Linnaeus, 1758)	2016年7月24日，2018年3月28日
23.明钝夜蛾 *Anacronicta nitida* (Butler, 1878)	2016年9月24日，2017年9月18日
24.缀白剑纹夜蛾 *Narcotica niveosparsa* (Matsumura, 1926)	2016年7月24日
25.峨眉仿剑纹夜蛾 *Peudacronicta omishanensis* (Draeseke, 1928)	2016年10月17日
虎蛾亚科 Agaristinae	
26.背点修虎蛾 *Sarbanissa catocaloides* (Walker, 1862)	2016年7月24日
27.艳修虎蛾 *Sarbanissa venusta* (Leech,1888)	2016年（6月21日、7月24日、8月28日），2017年（5月18日、5月29日）
杂夜蛾亚科 Amphipyrinae	
28.间纹炫夜蛾 *Actinotia intermediata* (Bremer, 1861)	2019年10月10日
29.连委夜蛾 *Athetis cognata* (Moore, 1882)	2016年8月29日
30.线委夜蛾 *Athetis lineosa* (Moore,1881)	2016年（8月16日、9月7日），2017年（4月29日、5月5日）
31.倭委夜蛾 *Athetis stellata* (Moore, 1882)	2016年7月7日
32.弧角散纹夜蛾 *Callopistria duplicans* Walker, 1858	2016年（6月21日、7月11日），2018年5月11日
33.红棕散纹夜蛾 *Callopistria placodoides* (Guenée, 1852)	2016年（8月16日、8月24日、9月3日）
34.红晕散纹夜蛾 *Callopistria repleta* Walker, 1858	2016年（8月1日、8月26日、8月31日），2017年（5月1日、5月5日）
35.钩散纹夜蛾 *Callopistria rivularis* Walker, [1858]	2016年（7月11日、8月11日、8月30日）
36.楚点夜蛾 *Condica dolorosa*（Walker, 1865）	2016年（10月9日、10月20日），2017年 10月10日
37.玛瑙兜夜蛾 *Cosmia achatina* Butler, 1879	2018年（5月22日、5月28日）
38.暗翅夜蛾 *Dypterygia caliginosa* (Walker,1858)	2016年8月23日，2017年（7月1日、9月29日）
39.井夜蛾 *Dysmilichia gemella* (Leech, 1889)	2017年（9月18日、9月29日）
40.后黄东夜蛾 *Euromoia subpulchra* (Alphéraky, 1897)	2016年9月26日，2017年7月1日
41.健构夜蛾 *Gortyna fortis* (Butler,1878)	2016年10月23日

（续）

42.日雅夜蛾 *Iambia japonica* Sugi, 1958	2016年7月15日
43.沪齐夜蛾 *Imosca hoenei* (Bang-Haas, 1927)	2016年（7月26日、9月6日）
44.乏夜蛾 *Niphonyx segregata* (Butler, 1878)	2016年9月9日，2017年（4月21日、5月7日）
45.胖夜蛾 *Orthogonia sera* Felder et Felder, 1862	2016年10月14日
46.朴夜蛾 *Plusilla rosalia* Staudinger, 1892	2016年10月23日
47.日月明夜蛾 *Sphragifera biplagiata* (Walker,1858)	2016年（7月24日、8月23日、9月4日）
48.淡剑灰翅夜蛾 *Spodoptera depravata* (Butler, 1879)	2016年9月12日
49.甜菜夜蛾 *Spodoptera exigua* (Hübner, 1808)	2016年（9月9日、10月9日）
50.斜纹夜蛾 *Spodoptera litura* (Fabricius, 1775)	2016年（7月30日、8月24日）
51.灰翅夜蛾 *Spodoptera mauritia* (Biosduval, 1833)	2016年10月24日
52.梳灰翅夜蛾 *Spodoptera pecten* Guenée, 1853	2016年（7月15日、11月4日）
53.陌夜蛾 *Trachea atriplicis* (Linnaeus, 1758)	2016年（7月19日、8月4日、8月8日、8月12日），2017年8月28日
54.白斑陌夜蛾 *Trachea auriplena* (Walker,1857)	2016年（9月25日、9月27日）
苔藓夜蛾亚科 Bryophilinae	
55.小藓夜蛾 *Cryphia minutissima* (Draudt, 1950)	2016年8月24日
裳夜蛾亚科 Catocalinae	
56.飞扬阿夜蛾 *Achaea janata* (Linnaeus, 1758)	2016年（7月29日、8月13日、11月1日）
57.苎麻夜蛾 *Arcte coerula* (Guenée, 1852)	2016年10月8日
58.斜线关夜蛾 *Artena dotata* (Fabricius, 1794)	2016年（8月15日、8月24日、11月20日）
59.霉巾夜蛾 *Bastilla maturata* (Walker, 1858)	2016年（7月16、7月31日、9月21日、10月9日、11月14日）
60.肾巾夜蛾 *Bastilla praetermissa* (Warren, 1913)	2016年（6月2日、7月28日、8月13日、8月26日）
61.鸮裳夜蛾 *Catocala patala* Felder et Rogenhofer, 1874	2017年7月17日
62.东北巾夜蛾 *Dysgonia mandschuriana* (Staudinger, 1892)	2017年（4月21日、5月5日）
63.雪耳夜蛾 *Ercheia niveostrigata* Warren, 1913	2016年9月6日，2017年4月16日
64.阴耳夜蛾 *Ercheia umbrosa* Butler, 1881	2016年9月12日
65.目夜蛾 *Erebus ephesperis* (Hübner, 1827)	2016年8月21日，2017年6月17日
66.象夜蛾 *Grammodes geometrica* (Fabricius, 1775)	2016年（8月22日、9月4日、9月19日）
67.变色夜蛾 *Hypopyra vespertilio* (Fabricius, 1787)	2016年（8月9日、8月16日、9月8日、9月19日），2017年（6月12日、6月21日、8月8日）
68.懈毛胫夜蛾 *Mocis annetta* (Butler, 1878)	2016年9月3日
69.毛胫夜蛾 *Mocis undata* (Fabricius, 1775)	2016年（7月6日、9月3日、9月23日、10月4日、10月16日）
70.磅羽胫夜蛾 *Olulis puncticinctalis* Walker, 1863	2018年4月5日
71.赘夜蛾 *Ophisma gravata* Guenée, 1852	2016年10月23日

（续）

72.安钮夜蛾 *Ophiusa tirhaca* (Cramer, 1777)	2016年（6月9日、8月10日、8月16日）
73.玫瑰条巾夜蛾 *Parallelia arctotaenia* (Guenée, 1852)	2016年9月9日，2017年7月7日
74.小直巾夜蛾 *Parallelia dulcis* (Butler, 1878)	2016年8月29日
75.石榴巾夜蛾 *Parallelia stuposa* (Fabricius, 1794)	2016年（8月26日、10月1日）
76.绕环夜蛾 *Spirama helicina*（Hübner, [1824])	2016年（8月21日、9月1日），2017年（7月10日、7月27日）
77.环夜蛾 *Spirama retorta* (Clerck, 1764）	2016年（6月3日、7月16日、8月10日、9月4日、10月6日），2017年（5月5日、6月3日、6月13日）
78.白戚夜蛾 *Stenbergmania albomaculalis* (Bremer, 1864)	2018年6月23日
79.庸肖毛翅夜蛾 *Thyas juno* (Dalman, 1823)	2016年（7月15日、8月12日、8月26日）
80.木叶夜蛾 *Xylohylla punctifascia* Leech ,1900	2016年（7月9日、8月5日），2017年（5月7日、7月3日、8月8日）
丽夜蛾亚科 Chloephorinae	
81.鼎点钻夜蛾 *Earias cupreoviridis* (Walker, 1862)	2017年8月31日
82.粉缘钻夜蛾 *Earias pudicana* Staudinger, 1887	2016年（8月24日、9月5日），2017年6月13日
83.玫缘钻夜蛾 *Earias roseifera* Butler, 1881	2016年9月13日，2019年4月25日
84.银斑砌石夜蛾 *Gabala argentata* Butler, 1878	2018年3月28日
85.霜夜蛾 *Gelastocera exusta* Butler, 1877	2016年（9月1日、9月18日），2017年10月9日
86.太平粉翠夜蛾 *Hylophilodes tsukusensis* Nagano, 1918	2016年（6月23日、7月4日、7月14日、7月25日），2017年（6月19日、7月24日）
87.土夜蛾 *Macrochthonia fervens* Bulter, 1881	2016年（7月19日、8月23日、10月6日）
88.康纳夜蛾 *Narangodes confluens* Sugi, 1990	2016年（7月20日、9月4日、9月20日）
89.华鸮夜蛾 *Negeta noloides* Draudt, 1950	2016年（9月18日、9月24日、10月17日）
90.饰夜蛾 *Pseudoips prasinanus* (Linnaeus, 1758)	2016年（9月4日、9月14日），2017年6月3日
91.希饰夜蛾 *Pseudoips sylpha* (Butler, 1879)	2017年4月16日
92.内黄血斑夜蛾 *Siglophora sanguinolenta* (Moore, 1888)	2016年8月25日
93.胡桃豹夜蛾 *Sinna extrema* (Walker, 1854)	2016年（6月19日、7月6日、7月15日、7月21日、8月28日、9月6日），2017年6月3日
94.椭圆俊夜蛾 *Westermannia elliptica* Bryk, 1913	2016年（8月8日、8月12日、8月24日、9月4日、11月18日）
冬夜蛾亚科 Cuculliinae	
95.合丝冬夜蛾 *Maxiana sericea* (Draudt, 1950)	2016年10月17日
96.樱毛眼夜蛾 *Mniotype satura* (Denis et Schiffermüller, 1775)	2016年10月24日
97.温冬夜蛾 *Sugitania lepida* (Butler,1879)	2016年11月7日
98.尖遥冬夜蛾 *Telorta acuminata*（Butler,1878)	2016年11月20日
99.遥冬夜蛾 *Telorta divergens* (Butler, 1879)	2016年（11月10日、11月20日）

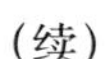

（续）

尾夜蛾亚科 Euteliinae	
100.钩尾夜蛾 *Eutelia hamulatrix* Draudt, 1950	2017年（4月22日、5月9日），2018年5月22日
盗夜蛾亚科 Hadeninae	
101.白点黏夜蛾 *Leucania loreyi* (Duponchel, 1827)	2016年10月24日
102.黄褐秘夜蛾 *Mythimna bani* (Sugi, 1977)	2016年10月30日，2017年8月14日
103.异纹秘夜蛾 *Mythimna iodochra* (Sugi, 1982)	2016年9月11日
104.柔研夜蛾 *Mythimna placida* Butler, 1878	2016年9月12日
105.黏虫 *Mythimna separata* (Walker, 1865)	2016年8月28日
106.秘夜蛾 *Mythimna turca* (Linnaeus, 1761)	2018年5月1日
107.黄灰梦尼夜蛾 *Perigrapha munda* (Denis et Schiffermüller, 1775)	2018年3月14日
108.尺圆夜蛾 *Protoseudyra picta* (Hampson, 1894)	2017年5月18日
109.红棕灰夜蛾 *Sarcopolia illoba* (Bulter, 1878)	2018年4月21日
110.糜夜蛾 *Senta flammea* (Curtis, 1828)	2016年8月29日
111.金掌夜蛾 *Tiracola aureata* Holloway, 1989	2016年（8月28日、10月20日、10月28日），2017年7月20日
实夜蛾亚科 Heliothinae	
112.棉铃虫 *Helicoverpa armigera* (Hübner, 1808)	2016年（8月28日、9月 6日、9月18日、9月29日），2017年（6月13日、10月12日）
113.烟青虫 *Helicoverpa assulta* (Guenée, 1852)	2016年8月11日
长须夜蛾亚科 Herminiinae	
114.鬃角疖夜蛾 *Adrapsa ochracea* Leech, 1900	2016年（8月8日、8月26日），2017年6月8日
115.闪疖夜蛾 *Adrapsa simplex* (Butler ,1879)	2016年（7月30日、8月7日、8月23日），2017年6月1日
116.白线拟胸须夜蛾 *Bertula albolinealis* (Leech,1900)	2016年（8月26日、9月5日、9月19日）
117.波拟胸须夜蛾 *Bertula sinuosa* (Leech, 1900)	2016年（9月9日、9月12日），2017年（5月9日、7月26日）
118.条拟胸须夜蛾 *Bertula spacoalis* (Walker, 1859)	2017年6月14日
119.胸须夜蛾 *Cidariplura gladiata* Butler, 1879	2016年8月28日，2017年（6月8日、6月14日）
120.钩白肾夜蛾 *Edessena hamada* (Felder et Rogenhofer,1874)	2017年（5月24日、6月2日、6月13日）
121.赭黄长须夜蛾 *Herminia arenosa* Butler, 1878	2018年6月11日
122.枥长须夜蛾 *Herminia grisealis* (Denis et Schiffermüller, 1775)	2016年（10月4日、10月12日）
123.灰长须夜蛾 *Herminia tarsicrinalis* (Knoch, 1782)	2017年10月9日
124.楞亥夜蛾 *Hydrillodes lentalis* Guenée, 1854	2017年9月29日
125.弓须亥夜蛾 *Hydrillodes morosa* (Butler, 1879)	2016年7月24日
126.邻奴夜蛾 *Paracolax contigua* (Leech, 1900)	2016年9月19日

（续）

127.黄肾奴夜蛾 *Paracolax pryeri* (Butler, 1879)	2016年8月11日
128.黑点贫夜蛾 *Simplicia rectalis* (Eversmann, 1842)	2016年（7月6日、9月2日），2017年7月3日
129.杉镰须夜蛾 *Zanclognatha griselda* (Butler, 1879)	2016年9月25日
130.黄镰须夜蛾 *Zanclognatha helva* (Butler, 1879)	2016年8月15日，2017年5月7日
131.常镰须夜蛾 *Zanclognatha lilacina* (Butler, 1879)	2017年（6月8日、9月4日）
髯须夜蛾亚科 Hypeninae	
132.燕夜蛾 *Aventiola pusilla* (Butler, 1879)	2016年（7月7日、8月13日）
133.碎纹宽夜蛾 *Harita belinda* (Butler, 1879)	2016年9月27日
134.双色髯须夜蛾 *Hypena bicoloralis* (Graeser, 1888)	2017年（4月21日、5月3日）
135.笋髯须夜蛾 *Hypena claripennis* (Butler, 1878)	2016年8月18日，2018年5月11日
136.清髯须夜蛾 *Hypena indicatalis* Walker, 1859	2016年（10月3日、11月20日）
137.印线髯须夜蛾 *Hypena masurialis* Guenée, 1854	2016年（10月30日、11月10日）
138.暗黑髯须夜蛾 *Hypena nigrobasalis* (Herz, 1904)	2016年（9月4日、10月23日、11月22日）
139.两色髯须夜蛾 *Hypena trigonalis* (Guenée, 1854)	2016年（8月8日、8月12日），2017年5月5日
夜蛾亚科 Noctuinae	
140.小地老虎 *Agrotis ipsilon* (Hufnagel, 1766)	2016年（5月30日、6月9日），2017年（5月16日、5月31日）
141.大地老虎 *Agrofis tokionis* Butler, 1881	2016年9月4日
142.朽木夜蛾 *Axylia putris* (Linnaeus, 1761)	2016年9月26日，2017年（5月7日、9月15日）
143.毛健夜蛾 *Brithys crini* (Fabricuis, 1775)	2016年8月10日
144.灰歹夜蛾 *Diarsia canescens* (Butler, 1878)	2016年9月25日，2017年5月9日
145.歹夜蛾 *Diarsia dahlii* (Hübner, 1813)	2016年9月21日，2017年10月11日
146.分歹夜蛾 *Diarsia deparca* (Butler, 1879)	2017年5月11日
147.茶色狭翅夜蛾 *Hermonassa cecilia* Butler, 1878	2018年5月11日
148.润鲁夜蛾 *Xestia dilatata* (Butler, 1879)	2016年（10月21日、11月14日）
强喙夜蛾亚科 Ophiderinae	
149.白斑烦夜蛾 *Aedia leucomelas* (Linnaeus, 1758)	2016年11月20日
150.巨仿桥夜蛾 *Anomis leucolopha* Prout, 1928	2016年8月11日
151.中桥夜蛾 *Anomis mesogona* (Walker, 1858)	2016年7月11日，2017年6月23日
152.俄印夜蛾 *Bamra exclusa* (Leech, 1889)	2016年7月26日，2017年（6月8日、8月3日）
153.新靛夜蛾 *Belciana staudingeri* (Leech, 1900)	2016年9月9日
154.角斑畸夜蛾 *Bocula bifaria* (Walker, [1863])	2016年（7月6日、7月12日、8月5日、9月7日），2017年5月26日
155.金图夜蛾 *Chrysograpta igneola* (Swinhoe, 1890)	2016年（6月21日、7月8日、7月14日、7月26日、8月7日、8月24日、8月27日），2017年5月3日
156.残夜蛾 *Colobochyla salicalis* (Denis et Schiffermüller, 1775)	2016年（8月19日、8月25日、9月19日）

（续）

157.小桥夜蛾 *Cosmophila flava* (Fabricius, 1775)	2016年（8月30日、10月29日、11月10日）
158.大斑蕊夜蛾 *Cymatophoropsis unca* (Houlbert, 1921)	2016年（8月12日、8月29日、9月4日、9月14日），2017年（5月3日、6月13日）
159.斜尺夜蛾 *Dierna strigata* (Moore, 1867)	2018年5月22日
160.曲带双衲夜蛾 *Dinumma deponens* Walker, 1858	2016年10月22日
161.长阳狄夜蛾 *Diomea fasciata* (Leech, 1900)	2016年（9月2日、11月18日）
162.中南夜蛾 *Ericeia inangulata* (Guenée, 1852)	2016年10月10日
163.凡艳叶夜蛾 *Eudocima phalonia* (Linnaeus, 1763)	2016年（10月1日、10月14日、11月10日）
164.艳叶夜蛾 *Eudocima salaminia* (Cramer, 1777)	2016年（8月12日、10月2日）
165.枯艳叶夜蛾 *Eudocima tyrannus* (Guenée, 1852)	2016年（7月26日、11月20日）
166.白点朋闪夜蛾 *Hypersypnoides astrigera* (Butler, 1885)	2016年（8月5日、10月11日）
167.粉点朋闪夜蛾 *Hypersypnoides punctosa* (Walker, 1865)	2017年7月31日
168.沟翅夜蛾 *Hypospila bolinoides* Guenée,1852	2016年（9月 21日、11月10日）
169.蓝条夜蛾 *Ischyja manlia* (Cramer, 1776)	2016年9月7日
170.斑戟夜蛾 *Lacera procellosa* Butler, 1879	2016年11月17日
171.灰薄夜蛾 *Mecodina cineracea* (Butler, 1879)	2017年4月23日
172.云薄夜蛾 *Mecodina nubiferalis* (Leech, 1889)	2016年8月29日
173.紫灰薄夜蛾 *Mecodina subviolacea* (Butler, 1881)	2017年4月21日
174.红尺夜蛾 *Naganoella timandra* (Alphéraky, 1897)	2016年8月11日，2017年（4月23日、5月5日）
175.嘴壶夜蛾 *Oraesia emarginata* (Fabricius, 1794)	2016年（10月20日、11月20日）
176.鸟嘴壶夜蛾 *Oraesia excavata* (Butler, 1878)	2016年（8月20日、9月3日、9月26日、10月6日、11月7日）
177.暗影眉夜蛾 *Pangrapta disruptalis*（Walker, 1855)	2016年（8月7日、8月16日）
178.白痣眉夜蛾 *Pangrapta lunulata* Sterz, 1915	2016年（8月12日、8月24日），2017年（5月9日、6月14日）
179.苹眉夜蛾 *Pangrapta obscurata* (Butler, 1879)	2016年8月28日
180.饰眉夜蛾 *Pangrapta ornata* (Leech, 1900)	2016年8月24日
181.隐眉夜蛾 *Pangrapta suaveola* Staudinger, 1888	2016年（7月26日、8月1日、8月24日、9月 1日）
182.纱眉夜娥 *Pangrapta textilis* (Leech, 1889)	2017年7月3日
183.三线眉夜蛾 *Pangrapta trilineata* (Leech, 1900)	2016年8月28日
184.浓眉夜蛾 *Pangrapta trimantesalis* (Walker, 1858)	2016年9月3日，2017年（5月3日、5月17日）
185.双线卷裙夜蛾 *Plecoptera bilinealis* (Leech, 1889)	2017年5月5日
186.纯肖金夜蛾 *Plusiodonta casta* (Butler, 1878)	2016年9月2日
187.肖金夜蛾 *Plusiodonta coelonota* (Kollar, 1844)	2016年（8月19日、8月26日、9月2日、9月14日）
188.曲线纷夜蛾 *Polydesma boarmoides* Guenée, 1852	2016年11月4日

（续）

189.清绢夜蛾 *Rivula aequalis* (Walker, 1863)	2016年10月28日
190.暗绢夜蛾 *Rivula inconspicua* (Butler, 1881)	2016年9月21日
191.绢夜蛾 *Rivula sericealis* (Scopoli, 1763)	2016年（8月5日、11月7日）
192.坎仿桥夜蛾 *Rusicada privata* (Walker, 1865)	2016年8月20日
193.铃斑翅夜蛾 *Serrodes campanus* (Guenée, 1852)	2016年7月16日
194.粉蓝析夜蛾 *Sypnoides cyanivitta* (Moore, 1867)	2017年6月8日
195.异析夜蛾 *Sypnoides fumosa* (Butler, 1877)	2016年8月16日
196.肘析夜蛾 *Sypnoides olena*（Swinhoe, 1893）	2016年10月8日
197.单析夜蛾 *Sypnoides simplex* (Leech, 1900)	2016年（10月24日、10月29日）
毛夜蛾亚科 Pantheinae	
198.缤夜蛾 *Moma alpium* (Osbeck, 1778)	2016年（9月9日、9月12日），2017年6月1日
金翅夜蛾亚科 Plusiinae	
199.南方银纹夜蛾 *Chrysodeixis eriosoma* (Doubleday, 1843)	2017年（9月3日、9月18日、10月9日），2018年5月11日
200.银纹夜蛾 *Ctenoplusia agnata* (Staudinger, 1892)	2016年（9月4日、10月11日），2017年10月9日
201.白条夜蛾 *Ctenoplusia albostriata* (Bremer et Grey, 1853)	2016年（8月16日、8月31日、9月3日）
202.暗榴珠纹夜蛾 *Erythroplusia pyropia* (Butler, 1879)	2016年8月19日
203.淡银锭夜蛾 *Macdunnoughia purissima* (Butler, 1878)	2016年（5月31日、8月11日），2017年4月1日
204.中金弧夜蛾 *Thysanoplusia intermixta* (Warren, 1913)	2017年7月5日
皮夜蛾亚科 Sarrothripinae	
205.柿癣皮夜蛾 *Blenina senex* (Butler, 1878)	2016年（7月25日、8月28日、10月1日、11月7日）
206.旋皮夜蛾 *Eligma narcissus* (Cramer, 1775)	2016年（7月10日、8月9日）
207.缘斑赖皮夜蛾 *Iscadia uniformis* (Inoue et Sugi, 1958)	2016年（7月29日、10月8日、10月20日）
208.洼皮夜蛾 *Nolathripa lactaria* (Graeser, 1892)	2016年8月2日，2017年6月17日
209.曲皮夜蛾 *Nycteola sinuosa* (Moore, 1888)	2016年11月1日
210.显长角皮夜蛾*Risoba prominens* Moore, 1881	2016年（7月25日、8月3日、8月31日、9月29日、10月21日），2017年10月9日
毒蛾科 Lymantriidae	
毒蛾亚科 Lymantriinae	
1.茶白毒蛾 *Arctornis alba* (Bremer,1861)	2016年（6月9日、7月16日、8月8日）
2.安白毒蛾 *Arctornis anserella* (Collenette, 1938)	2016年9月2日
3.齿白毒蛾 *Arctornis dentata* (Chao, 1988)	2016年8月10日
4.茶黄毒蛾 *Arna pseudoconspersa* (Strand, 1914)	2016年（8月16日、11月3日），2019年6月14日
5.点窗毒蛾 *Carriola diaphora* (Collenette, 1934)	2016年（8月24日、8月27日、9月9日）

（续）

6.岩黄毒蛾 *Euproctis flavotriangulata* Gaede,1932	2016年（7月13日、7月21日、8月16日），2017年5月1日
7.豆盗毒蛾 *Euproctis piperita* (Oberthür, 1880)	2016年9月18日，2017年（4月23日、5月1日）
8.双线盗毒蛾 *Euproctis scintillans* (Walker, 1856)	2016年7月7日，2017年（4月23日、6月13日）
9.盗毒蛾 *Euproctis similis* (Fueszly, 1775)	2016年（7月12日、8月16日、8月23日），2018年6月1日
10.北部湾黄毒蛾 *Euproctis tonkinensis* Strand,1918	2016年8月4日，2017年（4月22日、5月1日）
11.幻带黄毒蛾 *Euproctis varians* (Walker, 1855)	2017年6月14日
12.杨雪毒蛾 *Leucoma candida* (Staudinger,1892)	2019年（5月30日、6月10日）
13.雪毒蛾 *Leucoma salicis* (Linnaeus, 1758)	2016年8月26日
14.条毒蛾 *Lymantria dissoluta* Swinhoe, 1903	2016年（10月9日 、10月17日）
15.杧果毒蛾 *Lymantria marginata* Walker, 1855	2016年（7月6日、7月11日、7月25日、9月9日、9月12日）
16.栎毒蛾 *Lymantria mathura* (Moore,1865)	2016年7月8日
17.黑褐盗毒蛾 *Nygmia atereta*（Collente, 1932）	2016年9月18日
18.蜀柏毒蛾 *Parocneria orienta*（Chao, 1978）	2016年10月3日，2017年（6月3日、9月18日），2019年（5月17日、5月30日）
19.明毒蛾 *Topomesoides jonasii* (Butler,1877)	2016年9月9日
古毒蛾亚科 Orgyinae	
20.点丽毒蛾 *Calliteara angulata* (Hampson, 1895)	2016年（5月30日、7月7日、10月17日、10月20日、11月7日）
21.线丽毒蛾 *Calliteara grotei* (Moore, 1859)	2016年（8月24日、10月1日）
22.结丽毒蛾 *Calliteara lunulata* (Butler, 1877)	2016年10月1日，2017年7月3日
23.大丽毒蛾 *Calliteara thwaitesii* (Moore, 1883)	2016年9月12日，2017年4月18日
24.肾毒蛾 *Cifuna locuples* (Walker,1855)	2016年（9月7日、10月4日），2017年9月18日
25.环茸毒蛾 *Dasychira dudgeoni* Swinhoe, 1907	2016年（7月11日、10月24日、11月7日、11月10日）
26.苔棕毒蛾 *Ilema eurydice* (Butler, 1885)	2016年（7月6日、7月27日、9月26日、10月9日），2017年6月14日
27.脂素毒蛾 *Laelia gigantea* Butler,1885	2017年6月3日
28.瑕素毒蛾 *Laelia monoscola* Collenette, 1934	2017年（5月31日、6月28日）
29.黄黑从毒蛾 *Locharna flavopica* Chao, 1985	2016年（7月26日、8月24日）
30.丛毒蛾 *Locharna strigipennis* Moore, 1879	2016年（7月6日、9月6日），2017年4月23日
31.旋古毒蛾 *Orgyia thyellina* Butler, 1881	2016年（7月19日、7月26日）
32.刚竹毒蛾 *Pantana phyllostachysae* Chao,1977	2017年5月14日
33.暗竹毒蛾 *Pantana pluto* (Leech, 1890)	2016年9月4日

（续）

34.淡竹毒蛾 *Pantana simplex* Leech, 1899	2016年（10月2日、10月17日、10月24日）
35.华竹毒蛾 *Pantana sinica* Moore, 1877	2015年7月21日，2016年（7月27日、8月9日、8月16日、8月28日、9月4日），2017年（4月27日、5月5月、5月17日、9月3日）
瘤蛾科 Nolidae	
瘤蛾亚科 Nolinae	
1.褐白洛瘤蛾 *Meganola albula* (Denis et Schiffermüller, 1775)	2016年9月14日
2.斑洛瘤蛾 *Meganola gigas* (Buler,1884)	2016年7月16日
3.三角洛瘤蛾 *Meganola triangulalis* (Leech, [1889])	2016年（10月11日、10月21日）
舟蛾科 Notodontidae	
角茎舟蛾亚科 Biretinae	
1.竹篦舟蛾 *Besaia goddrica*(Schaus,1928)	2016年（6月21日、7月11日、8月4日），2017年（4月16日、5月1日、6月17日）
2.安拟皮舟蛾 *Mimopydna anaemica* (Kiriakoff, 1962)	2016年（7月12日、8月4日），2017年（4月27日、5月5日、6月3日、7月11日）
3.蔓拟皮舟蛾 *Mimopydna magna* Schintlmeister, 1997	2016年7月15日
4.异纡舟蛾 *Periergos dispar* (Kiriakoff,1962)	2016年（6月23日、7月7日、7月28日、8月5日、8月16日、8月27日、9月3日），2017年（4月16日、5月5日、6月3日、6月13日、7月1日），2018年3月28日
5.长茎姬舟蛾 *Saliocleta longipennis* Moore, 1881	2016年11月7日，2017年6月27日
6.竹姬舟蛾 *Saliocleta retrofusca* (de Joannis, 1907)	2016年（5月30日、6月9日、6月23日、7月1日、7月12日、7月22日），2017年（4月21日、5月5日、6月13日）
蕊舟蛾亚科 Dudusinae	
7.黄二星舟蛾 *Euhampsonia cristata* (Butler, 1877)	2016年9月3日，2017年5月24日
8.钩翅舟蛾 *Gangarides dharma* Moore, 1865	2016年（6月2日、7月11日、7月27日、8月13日、8月26日、9月6日），2017年（5月3日、5月24日、5月 29日）
9.红褐甘舟蛾 *Gangaridopsis dercetis* Schintlmeister, 1989	2016年（7月16日、7月26日、8月4日、8月16日、8月27日、9月7日），2018年3月24日
10.点银斑舟蛾 *Tarsolepis sericea* Rothschild, 1917	2016年（7月15日、8月7日、8月17日、8月28日）
舟蛾亚科 Notodontinae	
11.弱迴拟纷舟蛾 *Disparia diluta*（Hampson, 1910)	2016年（8月16日、8月22日）
12.黑纹迴拟纷舟蛾 *Disparia nigrofasciata*（Wileman, 1910)	2017年6月17日
13.缘纹新林舟蛾 *Neodrymonia marginalis* (Matsumura, 1925)	2016年8月26日
14.朴娜舟蛾 *Norracoides basinotatus* (Wileman, 1910)	2016年（9月4日、9月12日），2017年6月15日
掌舟蛾亚科 Phalerinae	
15.栎掌舟蛾 *Phalera assimilis* (Bremr et Grey, 1852)	2016年（5月30日、7月8日、7月12日、8月8日、8月27日）

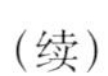

（续）

16.苹掌舟蛾 *Phalera flavescens* (Bremer et Grey, 1852)	2016年（7月15日、7月31日、8月5日）
17.刺槐掌舟蛾 *Phalera grotei* Moore,1859	2016年（7月1日、8月13日、8月25日、9月9日）
18.栎蚕舟蛾 *Phalerodonta bombycina* (Oberthür, 1880)	2016年11月7日
羽齿舟蛾亚科 Ptilodoninae	
19.灰颈异齿舟蛾 *Allodonta argillacea* Kiriakoff,1963	2016年8月27日，2017年6月2日
20.珍尼怪舟蛾 *Hagapteryx janae* Schintlmeister et Fang, 2001	2016年8月26日
扇舟蛾亚科 Pygaerinae	
21.新奇舟蛾 *Allata sikkima* (Moore, 1879)	2016年（8月26日、8月30日）
22.分月扇舟蛾 *Clostera anastomosis* (Linnaeus, 1758)	2016年（8月5日、8月23日、9月23日、10月11日、11月7日），2017年10月17日
23.杨小舟蛾 *Micromelalopha sieversi* (Staudinger, 1892)	2016年（8月10日、8月25日），2017年5月18日
蚁舟蛾亚科 Stauropinae	
24.曲良舟蛾 *Benbowia callista* Schintlmeister, 1997	2016年（7月4日、7月13日、8月28日），2017年6月1日
25.白二尾舟蛾 *Cerura tattakana* Matsumura, 1927	2016年（8月1日、9月14日）
26.栎纷舟蛾 *Fentonia ocypete* (Bremer, 1861)	2016年（7月7日、7月21日、8月28日、10月12日）
27.涟纷舟蛾 *Fentonia parabolica* (Matsumura, 1925)	2016年8月19日
28.基线纺舟蛾 *Fusadonta basilinea* (Wileman, 1911)	2016年8月24日
29.茅莓蚁舟蛾 *Stauropus basalis* Moore,1877	2016年（7月7日、8月24日），2017年7月3日
30.核桃美舟蛾 *Uropyia meticulodina*（Oberthür, 1884)	2016年（7月30日、8月5日、8月30日、9月6日），2017年6月28日

中文名索引

E

F

G

H

Y

Z

拉丁名索引

A

B

C

M

N

O

P

主要参考文献

岸田泰则，坂卷祥孝，那须义次，等，2011. 日本産蛾類標準図鑑 II [M]. 东京：学研教育出版株式会社.

蔡荣权，1979. 中国经济昆虫志　第十六册：鳞翅目　舟蛾科 [M]. 北京：科学出版社.

陈小华，2008. 中国金翅夜蛾亚科分类研究（鳞翅目：夜蛾科）[D]. 杨凌：西北农林科技大学.

陈一心，1985. 中国经济昆虫志　第三十二册：鳞翅目　夜蛾科（四）[M]. 北京：科学出版社.

方承莱，1985. 中国经济昆虫志　第三十三册：鳞翅目　灯蛾科 [M]. 北京：科学出版社.

方承莱，2000. 中国动物志　昆虫纲　第十九卷：鳞翅目　灯蛾科 [M]. 北京：科学出版社.

方育卿，2003. 庐山蝶蛾志 [M]. 南昌：江西高校出版社.

韩辉林，李成德，2009. 中国夜蛾科昆虫二新纪录种 [J]. 昆虫分类学报，31(2): 132-134.

韩辉林，姚小华，2018. 江西官山国家级自然保护区习见夜蛾图鉴 [M]. 哈尔滨：黑龙江科学技术出版社.

胡彦卿，2010. 东北地区猎夜蛾亚科分类学研究（鳞翅目：夜蛾科）[D]. 哈尔滨：东北林业大学.

湖南省林业厅，1992. 湖南森林昆虫图鉴 [M]. 长沙：湖南科学技术出版社.

华立中，2013. 拉汉英中国昆虫名称 [M]. 广州：中山大学出版社.

黄复生，2002. 海南森林昆虫 [M]. 北京：科学出版社.

贾彩娟，余甜甜，2018. 梧桐山蛾类 [M]. 香港：香港鳞翅目学会有限公司.

江崎悌三，一色周知，六蒲晃，等，1973. 原色日本蛾类图鉴（上、下）[M]. 东京：保育社.

江崎悌三，竹内吉藏，1973. 原色日本昆虫图鉴 [M]. 东京：保育社.

蒋平，徐志宏，2005. 竹子病虫害防治彩色图谱 [M]. 北京：中国农业科学技术出版社.

居峰，万志洲，刘曙雯，等，2007. 南京市蛾类区系种类组成的变化及分析 [J]. 江苏林业科技，34(5):13-21.

李晓平，韩辉林，许铁军，2011. 东北地区拟胸须夜蛾属 1 新纪录种的记述（鳞翅目、夜蛾科、长须夜蛾亚科）[J]. 林业科技，36(4):52-54.

王敏，岸田泰泽，2011. 广东南岭国家自然保护区蛾类 [M]. 德国 (Keltern):Goecke & Evers.

王敏，岸田泰泽，枝惠太郎，2018. 广东南岭国家自然保护区蛾类增补 [M]. 香港：香港鳞翅目学会有限公司.

王鹏，李成德，韩辉林，2010. 中国痣苔蛾属 1 新纪录种记述（鳞翅目，灯蛾科，苔蛾亚科）[J]. 东北林业大学学报，38(1):117-118.

武春生，方承莱，2003. 中国动物志　昆虫纲　第三十一卷：鳞翅目　舟蛾科 [M]. 北京：科学出版社.

武春生，方承莱，2010. 河南昆虫志　鳞翅目：刺蛾科、枯叶蛾科、舟蛾科、灯蛾科、毒蛾科、鹿蛾科 [M]. 北京：科学出版社.

徐天森，王浩杰，2004. 中国竹子主要害虫 [M]. 北京：中国林业出版社.

薛大勇，韩红香，姜楠，2017. 秦岭昆虫志　第 8 卷：鳞翅目大蛾类 [M]. 西安：世界图书出版西安有限公司.

杨平之，2014. 高黎贡山蛾类图鉴 [M]. 北京：科学出版社.

虞国跃, 2014. 北京蛾类原色图鉴[M]. 北京: 科学出版社.

虞国跃, 2017. 我的家园——昆虫图记[M]. 北京: 电子工业出版社.

虞国跃, 王合, 冯术快, 2016. 王家园昆虫[M]. 北京: 科学出版社.

云南省林业厅, 中国科学院动物研究所, 1987. 云南森林昆虫[M]. 昆明: 云南科学技术出版社.

张超, 韩辉林, 2015. 中国秘夜蛾属(鳞翅目, 夜蛾科, 盗夜蛾亚科)2新纪录种记述[J]. 东北林业大学学报, 43(9): 125-127.

张凤斌, 2010. 中国西南地区髯须夜蛾亚科(鳞翅目: 夜蛾科)分类学研究[D]. 哈尔滨: 东北林业大学.

张培毅, 2011. 高黎贡山昆虫生态图鉴[M]. 哈尔滨: 东北林业大学出版社.

张巍巍, 李元胜, 2011. 中国昆虫生态大图鉴[M]. 重庆: 重庆大学出版社.

张芯语, 2017. 中国西南地区长须夜蛾亚科(鳞翅目: 目夜蛾科)分类研究[D]. 哈尔滨: 东北林业大学.

张治良, 赵颖, 丁秀云, 2009. 沈阳昆虫原色图鉴[M]. 沈阳: 辽宁民族出版社.

赵梅君, 李利珍, 2004. 多彩的昆虫世界[M]. 上海: 上海科学普及出版社.

赵仁友, 2006. 竹子病虫害防治彩色图鉴[M]. 北京: 中国农业科学技术出版社.

赵仲苓, 1978. 中国经济昆虫志　第十二册: 鳞翅目　毒蛾科[M]. 北京: 科学出版社.

赵仲苓, 1994. 中国经济昆虫志　第四十二册: 鳞翅目　毒蛾科(二)[M]. 北京: 科学出版社.

赵仲苓, 2003. 中国动物志　昆虫纲　第三十卷: 鳞翅目　毒蛾科[M]. 北京: 科学出版社.

中国科学院动物研究所, 1982. 中国蛾类图鉴(Ⅱ)[M]. 北京: 科学出版社.

中国科学院动物研究所, 1982. 中国蛾类图鉴(Ⅲ)[M]. 北京: 科学出版社.

朱弘复, 1972. 蛾类图册[M]. 北京: 科学出版社.

朱弘复, 1997. 中国动物志　昆虫纲　第十六卷: 鳞翅目　夜蛾科[M]. 北京: 科学出版社.

朱弘复, 陈一心, 1963. 中国经济昆虫志　第三册: 鳞翅目　夜蛾科(一)[M]. 北京: 科学出版社.

朱弘复, 方承莱, 王林瑶, 1963. 中国经济昆虫志　第七册: 鳞翅目　夜蛾科(三)[M]. 北京: 科学出版社.

朱弘复, 杨集昆, 陆近仁, 等. 1964. 中国经济昆虫志　第六册: 鳞翅目　夜蛾科(二)[M]. 北京: 科学出版社.

Berio E, 1954. Etude de quelques Noctuidae Erastriinae de Madagascar(Lepid. Noctuidae)[J]. Mémoires de L'Institut Scientifique de Madagascar, Série E(5) :133-153.

Berio E, 1973. Nuove specie e generi di Noctuidae Africane e Asiatische e note sinonimiche. Part Ⅱ [J]. Annali del Museo Civico di Storia Naturale Giacomo Doria(79):126-171.

Bryk F, 1942. Zur kenntnis der Grossschmetterlinge der Kurilen. Neue Schmetterlinge aus dem Reichsmuseum Stockholm[J]. Deutsche Entomologische Zeitschrift, Iris, (56): 3-90.

Butler A G, 1878. Descriptions of new species of Heterocera from Japan. Part Ⅱ. Noctuites[J]. Annals and Magazine of Natural History(5)1(1): 77-85.

Chen F, Xue D, 2012. A review of *Micardia* Butler, 1878 from China (Lepidoptera, Noctuidae, Eustrotiinae)[J]. Zootaxa(3417):45-52.

Comstock J H, 1918. The Wings of Insects[M]. New York: Comstock Publishing Company, Ithaca.

Hampson G F, 1910. Catalogue of the Noctuidae in the collection of the British Museum. Vol. 10[M]. London : British Museum (Natural History).

Han H, Kononenko V S, 2020. The Catalogue of the Noctuoidea in the Three Province of Northeast China Ⅰ :

Families Erebidae(part), Euteliidae, Nolidae and Noctuidae[M]. Harbin: Heilongjiang Science and Technology Press.

Kirti J S, Singh N, Singh H, 2017. Eight new records of family Erebidae (Lepidoptera: Noctuoidea) from India[J]. Journal of Threatened Taxa, 9(7):10480-10486.

Klots A B, 1970. Lepidoptera[M]//Tuxen S L, Taxonomist' s Glossary of Genitalia in Insects. Copenhagen: Munksgaard.

Kononenko V S, 2005. An annotated check list of the Noctuidae (s. l.) (Lepidoptera, Noctuoidea: Nolidae, Erebidae, Micronoctuidae, Noctuidae) of the Asian part of Russia and the Ural region[M]// Noctuidae Sibiricae. Vol. 1. Entomological Press, Sorø.

Liang Z, Zhu H, Weng Q, 2019. A new species of Micardia Butler, 1878 (Lepidoptera, Noctuidae, Eustrotiinae) from China [J]. Zootaxa, 4559 (3): 593-597.

Nichols S W, 1989. The Torre–Bueno Glossary of Entomology[M]. New York: New York Entomological Society.

Pekarsky O, 2018. Two new stenoloba staudinger, 1892 species from China and Vietnam (Lepidoptera, Noctuidae, Bryophilinae)[J]. Entomofauna carpathica, 30(2):59-67.

Scoble M J, 1992. The Lepidoptera, form, function and diversity[M]. Oxford: Oxford University Press.

Sugi S, 1967. Notes on species of *Spirama* Guenée of Japan, with remarks for the classification of the genus (Lepidoptera, Noctuidae, Catocalinae)[J]. The Lepidopterological Society of Japan, 18(1 & 2): 4-9.

Ueda K, 1984. A revision of the genus *Deltote* R. L. and its allied genera from Japan and Taiwan (Lepidoptera: Noctuidae, Acontiinae). Part 1. A generic classification of the genus *Deltote* R. L. and its allied genera[J]. Bulletin of the Kitakyushu Museum of Natural History(5):91-133.

Viette P, 1982. Noctuidae Quadrifidae from Madagascar that are new or little known. Ⅹ. (Lepidoptera, Noctuidae) [J]. Bulletin mensuel de la Societe linneenne de Lyon, 51(9): 278-288.

Warren W, 1912. Family: Noctuidae[M]// Seitz A. The Macrolepidoptera of the World. Ⅱ. Divsison: The Macrolepidoptera of the Indo=Australian Fauna. Ⅺ. Volume: Noctuiform Phalaenae. Stuttgart: Verlag des Seits' schen Werkes (Alfred Kernen).

Wu S, 2015. Elucidating taxonomic problems of the genus *Disparia* Nagano, 1916 of Taiwan and its neighboring areas, with description of one new species (Lepidoptera, Notodontidae)[J]. Zootaxa, 3918 (2): 209-223.

Zhang B, Hu C, Han H, 2011. Two Species of the genus *Hypena* Schrank, 1802 (Lepidoptera, Noctuidae) New to China[J]. Korean Journal of Applied Entomology, 50(4): 301-306.

图书在版编目（CIP）数据

竹林生态系统昆虫图鉴. 第一卷/梁照文，孙长海，王美玲主编. —北京：中国农业出版社，2020.10
ISBN 978-7-109-27006-0

Ⅰ.①竹… Ⅱ.①梁…②孙…③王… Ⅲ.①竹林-森林生态系统-昆虫-图集②夜蛾科-图集 Ⅳ.①S718.7-64

中国版本图书馆CIP数据核字（2020）第123971号

ZHULIN SHENGTAI XITONG KUNCHONG TUJIAN DIYIJUAN

中国农业出版社出版
地址：北京市朝阳区麦子店街18号楼
邮编：100125
责任编辑：冀　刚
版式设计：王　晨　　责任校对：吴丽婷　　责任印制：王　宏
印刷：中农印务有限公司
版次：2020年10月第1版
印次：2020年10月北京第1次印刷
发行：新华书店北京发行所
开本：787mm×1092mm　1/16
印张：20.25
字数：500千字
定价：336.00元